高等院校软件应用系列教材

U0184391

Python 程序设计

主　编　陈红阳　黄正洪

副主编　鲁江坤　王飞雪

参　编　陈滢生　孙宝刚

　　　　蒋建华　崔　建

重庆大学出版社

内容提要

本书以 Python 3.9 为工具，Pycharm 与 Anaconda 3 下的 Jupter 为集成开发环境来进行 Python 程序设计与实践。全书共两个部分：第 1 部分为基础篇（包含第 1—6 章），主要介绍 Python 语言概述、基本语法知识、控制结构、函数与模块、面向对象程序设计、文件与文件夹操作；第 2 部分为提高篇（包含第 7—11 章），结合 Python 流行的第三方库，介绍 Python 语言在时下热门领域中的应用情况，如数据库应用程序开发、网络爬虫、数据分析与科学计算可视化等。每章均配备实例，便于读者更好地了解 Python 语言在各个领域的应用情况，为后续深入学习数据挖掘、机器学习等专业课程奠定坚实的编程基础。

本书既可作为应用型本科计算机相关专业 Python 课程的教材，也可作为 Python 语言爱好者或程序设计人员的参考用书。

图书在版编目（CIP）数据

Python 程序设计 / 陈红阳，黄正洪主编. --重庆：
重庆大学出版社，2022.7
ISBN 978-7-5689-3458-9

Ⅰ．①P… Ⅱ．①陈… ②黄… Ⅲ．①软件工具—程序
设计—高等学校—教材 Ⅳ．①TP311.561

中国版本图书馆 CIP 数据核字（2022）第 133468 号

Python 程序设计
Python CHENGXU SHEJI

主　编　陈红阳　黄正洪
副主编　鲁江坤　王飞雪
参　编　陈滢生　孙宝刚
　　　　蒋建华　崔　建
策划编辑：鲁　黎

责任编辑：李定群　　　版式设计：鲁　黎
责任校对：邹　忌　　　责任印制：张　策

＊

重庆大学出版社出版发行
出版人：饶帮华
社址：重庆市沙坪坝区大学城西路 21 号
邮编：401331
电话：(023) 88617190　88617185（中小学）
传真：(023) 88617186　88617166
网址：http://www.cqup.com.cn
邮箱：fxk@cqup.com.cn（营销中心）
全国新华书店经销
重庆亘鑫印务有限公司印刷

＊

开本：787mm×1092mm　1/16　印张：19.75　字数：471 千
2022 年 7 月第 1 版　　2022 年 7 月第 1 次印刷
ISBN 978-7-5689-3458-9　定价：49.80 元

前　言

　　1989 年,吉多·范罗苏姆开始编写 Python 语言的编译器,到 1991 年第一个 Python 编译器诞生,随后经过不断地改进,逐渐衍生出 Python 2.x 与 Python 3.x 版本。Python 语言是近年来较热门的一种编程语言,具有简单、易学,开源、免费,代码规范、自由内存管理,解释性、面向对象,广泛的标准库、扩展库,功能强大,跨平台、可移植、可扩展、可嵌入等一系列优点,深受广大编程人员的青睐。随着科技的进步与社会的不断发展,Python 在云计算、大数据、物联网、网络爬虫、科学计算、数据分析、机器学习及深度学习等领域崭露头角,并得到快速发展。目前,国内各领域涌现出很多使用 Python 编程的相关工作岗位,亟须从事 Python 语言编程的人才。为此,国内各大高校相继开设 Python 编程语言课程,以培养满足社会需求的IT 技术人才。

　　作者长期从事程序设计类课程的教学工作,在实际教学中发现,学生对程序设计类的理论知识掌握较扎实,但实践编程能力有些薄弱,不能很好地解决实际问题;在学习 Python 基础部分内容时,又觉得与原有的 C,Java 等程序设计语言雷同,不能抓住重点有效区分 Python语言与其他编程语言在基础部分内容上的异同;学生在学习专业课程"数据挖掘与分析"时,缺乏对网络爬虫、科学计算、可视化分析及数据分析方面的先验知识学习,需要额外花费时间和精力进行弥补,增加了学习的难度。此外,市面上现有与 Python 相关的书籍中有的着重介绍 Python 基础知识,对 Python 在各领域的应用涉及不多;有的在介绍 Python 基础知识的同时,融入了很多丰富的 Python 应用案例,涉及领域较广,但部分应用案例涵盖了专业性较强的知识,不太适合初学者学习。为此,我们编写了这本适合应用型本科学生零基础学习的Python 教材。本书结合实际案例介绍 Python 基础知识,重点阐述了 Python 与其他编程语言的不同;引入了 Python 在数据库、网络爬虫、科学计算、可视化分析及数据分析等领域的应用案例,这些案例难度适中,贴近学生实际生活,在强调学生实践编程能力的同时,也为学生后续专业课的学习做好知识铺垫。

　　全书分两个部分,共 11 章。内容主要安排如下:第 1 章对 Python 语言进行概述,介绍Python 语言的特点、版本与应用领域,Python 开发环境的搭建与使用,以及常见的 Python 编码规范;第 2 章介绍 Python 基本语法知识,讲述 Python 变量、基本数据类型、数据结构、运算符以及表达式;第 3 章介绍 Python 流程控制结构,重点阐述选择结构与循环结构的使用;第4 章介绍 Python 函数、模块的设计与使用,结合实际案例简介函数的定义与使用、函数参数类型、嵌套函数、递归函数、匿名函数与生成器函数等;第 5 章介绍 Python 面向对象程序设计

内容,包括类的定义与使用方法,类的单继承、多继承的实现,以及多态;第6章介绍文件和目录的基本操作,具体包括文件的类型,文件的基本读写操作与高级操作,目录的基本操作;第7章介绍使用 Python 访问数据库,包括关系型数据库(MYSQL,SQLite)与非关系型数据库(MongoDB);第8章介绍使用 Python 编写爬虫程序爬取猫眼电影数据;第9章介绍第三方扩展库 Numpy 进行高性能科学计算;第10章介绍第三方扩展库 Matplotlib,用于绘制各类图形对数据分析结果进行直观展示;第11章通过实际案例介绍综合使用 Numpy, Pandas, Matplotlib 第三方扩展库对学生选课数据进行数据分析与可视化。

本教材由陈红阳、黄正洪主编,鲁江坤、王飞雪任副主编。具体编写分工如下:第1、5、6、7、10章由陈红阳编写,第2章由蒋建华编写,第3章由陈滢生编写,第4章由孙宝刚编写,第8章由鲁江坤编写,第9章由王飞雪编写,第11章由黄正洪编写,崔建对书中程序进行了复核。全书由陈红阳、黄正洪负责统稿。

本书得到重庆市教委高等教育教学改革研究重点项目课程思政专项——项目"新工科背景下计算机专业课程思政教学探索与实践(编号:201054S)"的资助。

由于作者水平有限,书中可能存在些许不足之处,恳请广大读者批评指正,为后续再版时提供宝贵意见。

编 者

2021 年 9 月

目　录

基础篇

Python程序设计

提高篇

基础篇

第 1 章 Python 语言概述

  随着我国在人工智能的大力投入和精心规划,社会对人工智能人才的需求呈现爆发式增长,就业机会急剧增多。Python 是人工智能的开发语言,加之其简单、易学、跨平台等特性,使其成为主流的热门编程语言,并受到广大编程人员的青睐。什么是 Python 语言,它具有什么样的特点与优势,在哪些领域中得到广泛应用,如何使用 Python 进行程序设计,本章将一一为你解惑答疑,主要讲述以下知识点:

①Python 语言简介、常用版本、应用领域。

②Python 环境的安装与配置。

③搭建 Python 开发环境(IDLE, Pycharm 与 Anaconda)。

④基于 Python 开发环境设计简单应用程序。

⑤Python 程序设计时应遵循的编码规范。

1.1 初识 Python

1.1.1 Python 简介

  Python 原本指代"蟒",后来是指一种面向对象的解释型高级编程语言,由荷兰人 Guido van Rossum 于 1989 年开发出来的。关于 Python 开发的由来,目前流传着两个版本:一个版本是 Guido van Rossum 为打发圣诞节无聊的时光而开发出的脚本解释程序,并以一个马戏团的名字将其命名为 Python;另一个版本是 Guido van Rossum 当时是某个研究院的研究员,在开发某个项目时因利用现有的软件解决问题较为困难,从而创造了 Python。

  Python 语言具有简单,易学,开源、免费,代码规范,自由内存管理,解释性,面向对象,跨平台、可移植性,可扩展性和可嵌入性,以及丰富的库等特点。

1)简单

  Python 语言与自然语言相似,语法简单优雅,不需要很复杂的代码和逻辑,就可实现强大的功能。这非常适合零基础的人学习,使编程人员能专注于解决问题,而非理解语言本身。

2)易学

Python 语言学习简单,上手较快,无须复杂的语法环境就可实现丰富的功能,学习成本低。

3)开源、免费

Python 是开放源码软件之一,其所有内容都是开源免费的,使用者可直接下载安装使用,还可对其源码进行拷贝、阅读与修改。

4)代码规范

Python 具有严格的缩进机制,这使得程序代码具有极佳的可读性。

5)自由内存管理

Python 内存管理是自动完成的,Python 开发人员仅需专注程序本身,无须关注内存管理。

6)解释性

Python 解释器会先将源代码转换成中间字节码的形式,再把它翻译成计算机使用的机器语言并运行,无须编译环节,可减少编译过程的时耗,提高 Python 运行速度。

7)面向对象

Python 既支持面向过程的编程,也支持面向对象的编程,具有更强的灵活性。

8)跨平台、可移植

Python 具有良好的跨平台和可移植性能,一次编写,处处运行。一般可被移植到大多数平台下面,如 Windows、MacOS、Linux、Andorid、IOS 等。

9)可扩展性和可嵌入性

若要更快地运行一段关键代码或希望某些算法不被公开,可考虑将部分程序用 C 或 C++编写,然后在 Python 程序中使用它们。当然,也可将 Python 嵌入 C/C++程序中,为程序用户提供脚本功能。

10)丰富的库

Python 具有丰富而强大的库,如广泛的标准库、扩展库,功能十分强大。

1.1.2　Python 的版本

自 1989 年,荷兰人 Guido van Rossum 创造了程序设计语言 Python 以来,通过长期不懈的努力,于 1991 年发布了第一个正式版本。1994 年发布了 Python 1.0,但是 Python 1.0 存

在一些不足。经过后期的不断改进,他在 2000 年发布了 Python 2.0,加入内存回收机制,奠定了 Python 语言框架的基础。最后,在 2008 年成功发布了 Python 3.0,该版本对语言进行了彻底的修改,但却没有向后兼容。

目前,Python 官网中同时存在 Python 2.x(只支持到 2020 年)和 Python 3.x 两个不同版本。一般来说,高版本的软件会向下兼容低版本的,但这里的 Python 3.x 并不向下兼容 Python 2.x。两者之间存在的差异较大,相较于 Python 2.x,Python 3.x 做出了较多改进。如今,Python 2.x 并未被抛弃使用,据统计显示,使用 Python 2.x 的用户还是占据多数。那么,究竟该选择哪种版本呢? 这就需要用户考虑自身的需求了,如准备做哪方面的应用开发,需要用到哪些扩展库,以及这些扩展库所能够支持的 Python 版本等。

对于初学者来说,比较推荐学习使用 Python 3.x。这主要基于以下几点因素:

①Python 3.x 对 Python 2.x 的标准库进行了一定程度上的重新拆分与整合,更容易被理解,对中文字符串的支持能足够好。

②Python 3.x 与 Python 2.x 的思想是共通的,仅存在少量的语法差别,理解了 Python 2.x,也更容易理解 Python 3.x。

③学习使用 Python 3.x 是大势所趋,目前使用它的开发者人数正在快速增加。

因此,本书在进行 Python 程序设计时主要是基于 Python 3.x,选择了最新版的 Python 3.9。

1.1.3　Python 的应用领域

因 Python 简单易学,入门门槛低,并可实现跨平台运行,故得到广大程序设计人员的偏爱,并在 Web 开发、游戏开发、机器学习与人工智能、科学计算与数据可视化、桌面软件、网络爬虫、云计算及物联网等领域得到广泛应用。

1)Web 开发

除 PHP,JSP 外,使用 Python 也可快速地开发 Web 应用程序,这主要得益于其提供的强大基础库和丰富网络框架(如 Django,Tonardo,web2py 与 Flask 等)。通过使用这些 Python web 框架,程序员能轻松开发复杂的 Web 应用程序,并进行高效率地管理。

2)游戏开发

使用 Python 也可进行互动性的游戏开发。第三方扩展库 PyGame 为开发游戏提供了基本功能和相关库的支持,使用它可开发 Civilization-Ⅳ,Disney's Toontown Online,Vega Strike 等游戏。与 Lua,C++相比,Python 有更高阶的抽象能力,能用更少的代码完成游戏业务逻辑的描述。因此,在网络游戏开发中,多使用 Python 来编写游戏的逻辑、服务器。

3)桌面软件

基于 Python 提供的 Tkinter,wxPython,pyQT 等库,可在多个平台上快速创建桌面应用程序。

4）网络爬虫

网络爬虫也称网络蜘蛛,是一段程序。它主要用于自动化地爬取网络中的相关数据,为科学研究与计算提供数据资源。Python 提供了一些较成熟的爬虫工具与框架(如 Scrapy,Requests,PySpider 等),方便用户构建高效的网络爬虫,从网络中爬取自身所需的数据。

5）科学计算与数据可视化

为满足 Python 编程人员编写科学计算程序有效处理通过网络爬虫爬取的数据,Python 提供了大量优秀的用于科学计算与可视化的扩展库,如 NumPy,SciPy,Matplotlib,pandas 等库。

6）机器学习与人工智能

因 Python 语言具有开源免费、易维护、标准库丰富、功能强大、可移植及可扩展等特性,Python 也逐渐成为 AI 时代主流的编程语言,在人工智能领域内的机器学习、神经网络以及深度学习等方面得到广泛应用。人工智能的实现离不开一些高效的 Python 库,主要有用于机器学习的 Sci-kit Learn 库,Google 的开源神经网络框架——TensorFlow,Facebook 的神经网络框架 PyTorch,开源社区的神经网络库——Keras,以及微软的开源深度学习工具包 CNTK 等。

7）云计算

Python 也是云计算从业者必备的一门编程语言。它提供了一种较热门的云计算框架-OpenStack,助力于编程人员更好地从事云计算工作。

8）物联网

在整个物联网开发体系中,从设备、网络、平台到分析和应用,每个阶段的功能开发都可采用 Python 语言来完成。伴随着 5G 通信的快速发展,未来 Python 在物联网领域将有更为广阔的应用前景。

1.2　安装与配置 Python 环境

1.2.1　安装 Python

在进行 Python 程序开发前,首先要下载 Python 环境,然后对其进行安装与运行。由于 Python 具有跨平台特性,使得 Python 程序在 Windows,Mac 与 Linux 操作系统平台上都可以

运行。但考虑大部分用户的计算机主要采用 Windows 操作系统,因此,本书将基于 Windows 操作系统平台详细介绍 Python 的下载与安装。在浏览器地址栏中输入官方网址,随后进入 Python 的官网首页,如图 1.1 所示。随着时间的推移,用户在不同时间段将会看到不同的 Python 版本。该页面为用户提供了不同操作系统下的 Python 安装包下载链接。用户可根据 实际需求下载与自身计算机操作系统平台相匹配的 Python 安装包,并进行安装。

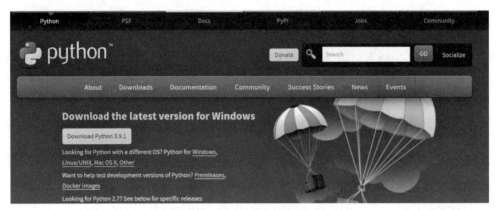

图 1.1 Python 的官网首页

例如,若要下载基于 Windows 操作系统的 Python 安装包,用户可单击 Windows 链接,随 后进入如图 1.2 所示的下载页面(限于篇幅,此图内容未完全展示)。由于 Python 2 与 Python 3 并不兼容,并且当前多数用户喜爱使用 Python 3 进行 Python 相关学习与研究。因 此,在这里可根据 Windows 版本选择 Python 3.9.1 版本进行下载。若本机操作系统为 Win- dows 32 位系统,单击 Stable Releases 下方的"Download Windows installer (32-bit)"进行下载。 如果为 Windows 64 位系统,则下载单击 Stable Releases 下方的"Download Windows installer (64-bit)"进行下载。

图 1.2 基于 Windows 平台的 Python 安装包下载

由于本机的 Windows 操作系统为 64 位。因此,单击"Download Windows Installex (64-bit)"进行下载,进入如图 1.3 所示的界面。

图 1.3　基于 Windows 64 位系统平台的 Python 安装包下载

当 Python 安装包下载完毕后,便可进行安装了。具体步骤如下:

①双击下载的可执行文件(如 Python-3.9.1-amd64.exe),出现如图 1.4 所示的界面。

图 1.4　基于 Windows 64 位操作系统的 Python 安装

②勾选复选框"Add Python 3.9 to PATH",自动将 Python 的路径加到 PATH 环境变量中;从"Install Now"和"Customize installation"中任选一个安装选项,开始安装 Python,通常单击"Install Now"。等待几分钟后,出现如图 1.5 所示的界面,显示 Python 已成功安装。

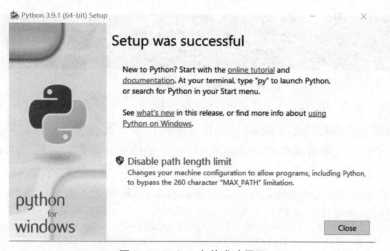

图 1.5　Python 安装成功界面

③测试 Python 安装是否成功。选择 Windows →运行→输入 cmd 后按"Enter"键→进入命令提示符(cmd)窗口→输入 Python。若出现如图 1.6 所示的界面,则说明 Python 环境真正安装成功了。

图 1.6　Python 安装成功测试

1.2.2　运行 Python

安装好 Python 后,用户就可编写简单的 Python 程序,并在 Python 环境下运行了。目前,运行 Python 程序的方式主要有两种:交互式和命令行式。

1)交互式

通过在开始菜单中选择如图 1.7 所示的第二个子选项"Python 3.9(64-bit)",便可实现在终端运行 Python,随后进入交互式环境,如图 1.8 所示;当然,也可通过选择 Windows →运行→输入 cmd 后按"Enter"键→进入命令提示符(cmd)窗口→输入 Python 进入如图 1.8 所示的交互式环境。

图 1.7　进入交互式环境(a)

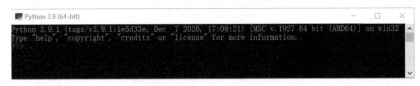

图 1.8　进入交互式环境(b)

在交互式环境里,用户在">>>"符号后可随意输入一条 Python 程序语句,按"Enter"键后,可立马观察到该语句的运行结果,利于程序调试以及方便初学者使用。例如,输入一条语句"print("这是一个非常简单的 Python 程序,用于输出字符串信息!")",运行后可得到如图 1.9 所示的运行结果,简单而直观。但是,这种方式也存在一些缺陷,如">>>"符号后不能输入多条 Python 语句,不方便运行一个复杂的程序;程序代码不被保存,当关闭掉窗口,离开交互式环境后,前面所写代码均丢失了。

图 1.9　进入交互式环境（c）

2）命令行式

命令行式也称脚本式，相较于交互式，该种方式可高效地执行一个较复杂的 Python 程序。首先用户任选一种文本编辑工具（如 Windows 记事本，以及 Notepad++等），并打开；然后在其中编写一段 Python 代码，保存到 example1. py 文件内（完整路径为：D:\example1. py），保存的同时修改文件编码格式为 utf-8，如图 1.10 所示。

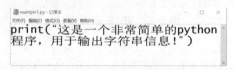

图 1.10　使用 Windows 记事本编写 Python 程序

最后选择 Windows →运行→输入 cmd 后按"Enter"键→进入命令提示符（cmd）窗口→输入"Python D:\example1. py"来运行 example1. py 文件中的程序代码。其运行结果如图 1.11 所示。

图 1.11　命令行下 Python 程序运行

example1. py 文件中的程序代码运行过程具体经历以下 3 个步骤：

①启动 Python 3.9 解释器，类似启动了一个文本编辑器。

②解释器发送系统调用，读取硬盘 example1. py 的内容到内存中，此时 example1. py 中的内容均为普通字符，无任何语法意义。

③解释器开始对读入内存的 example1. py 内的代码进行解释执行，此时会识别 Python 语法，并将运行结果反馈给用户观看。

1.3　Python 开发环境的搭建与使用

Python 开发环境的搭建主要包含以下方式：Python 安装与 IDLE 启动使用，Pycharm 与 Anaconda 的下载与安装。

1.3.1 IDLE 的启动与使用

Python 安装成功后,用户可通过选择开始菜单中的"IDLE(Python 3.9 64-bit)"选项来启动 Python 自带的 IDLE,进入如图 1.12 所示的界面。此时,可在">>>"后输入 Python 代码,按"Enter"键后,即可观看运行结果,如图 1.13 所示。

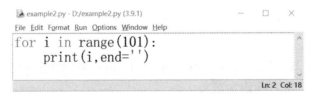

图 1.12 IDLE shell 窗口

图 1.13 IDLE shell 窗口程序运行图

上述方式仅能让用户在一行输入一条 Python 语句,若要运行多行代码或更复杂的程序,则不太方便,且效率低。因此,可在 IDLE shell 窗口中通过单击"File"下方的"New File"选项来建立一个新的文档(untitled.py 文件),并在其中编写多行程序代码;然后单击"File"下方的"save as",将写好的程序代码另存为文件-example2.py,如图 1.14 所示。

图 1.14 在 IDLE shell 窗口新建文档编写程序代码

单击"Run"下方的"Check Module",可检查程序代码是否存在语法错误;单击"Run Module",则可运行上述程序文件。此时,会弹出新的窗口,展示程序运行结果,如图 1.15 所示。

图 1.15 在 IDLE shell 窗口运行程序文件

当开发设计大型 Python 程序时,使用 IDLE 已不能满足需求了。此时,需要借助集成开发环境建立项目将与项目相关的资源包含进来,接下来将介绍 Pycharm 与 Anaconda 的下载、安装与使用。

1.3.2 PyCharm 的下载、安装与使用

1)PyCharm 下载

①在浏览器中输入官方网址,用户可进入 PyCharm 的官网首页,如图 1.16 所示。

图 1.16 PyCharm 的官网首页

②单击"Download",出现如图 1.17 所示的界面。该界面为不同计算机操作系统平台(如"Windows""macOS""Linux")提供了社区版或专业版 PyCharm 安装包的下载链接,供用户选择。

图 1.17 PyCharm 安装包下载界面

由于社区版 PyCharm 供用户免费安装使用,且基本符合用户的学习工作需求。因此,本书以 Windows 操作系统为例,这里选择社区版 PyCharm 安装包,将其下载到本地,如图 1.18 所示。

图 1.18 社区版 PyCharm 安装包

2）PyCharm **安装**

①双击下载的社区版 PyCharm 安装包，弹出如图 1.19 所示的界面。

图 1.19　社区版 PyCharm 安装示意图

②单击"Next"，进入如图 1.20 所示的界面。

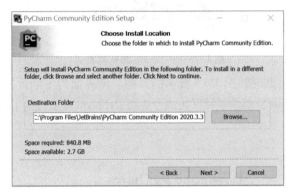

图 1.20　社区版 PyCharm 安装路径设置

③首先单击"Browse…"，可自定义安装路径，也可选择默认的安装路径；然后单击"Next"，进入如图 1.21 所示的界面。在"Create Desktop Shortcut"下方，根据自己电脑系统位数，决定是否勾选"64-bit launcher"（64 位电脑系统对应"64-bit launcher"）；在"Create Associations"下方勾选".py"，以便后续打开.py 文件时，会用 PyCharm 打开。

图 1.21　社区版 PyCharm 安装参数设置 1

④单击"Next"，出现如图 1.22 所示的界面。选择"Jet Brains"，然后单击"install"，开始软件安装。

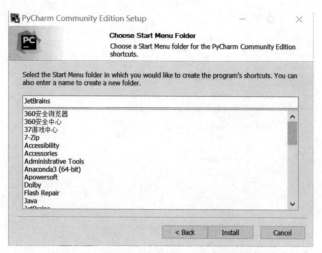

图 1.22　社区版 PyCharm 安装参数设置 2

⑤等待几分钟后，会出现如图 1.23 所示的界面。单击"Finish"，表示 Pycharm 安装完成。

图 1.23　社区版 PyCharm 安装成功提示

3）PyCharm 使用

①双击在桌面上安装好的 PyCharm 图标，进入如图 1.24 所示的界面。

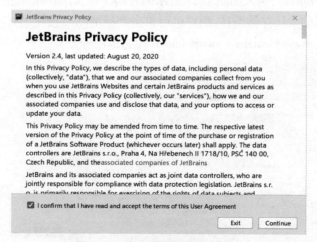

图 1.24　询问是否接受用户协议

Python程序设计

②勾选"I confirm …",单击"Continue",进入如图1.25所示的界面,供用户选择 IDE 主题,可自定义,也可选择默认设置的主题。

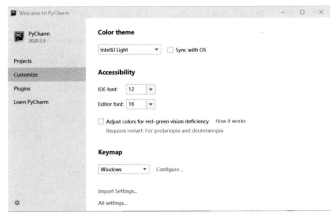

图1.25 设置 IDE 主题

③单击"Projects",进入如图1.26所示的界面。

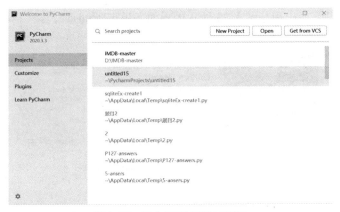

图1.26 进入项目创建示意图

④单击"New Project",进入如图1.27所示的界面。在"Location"处的文本框中,显示新建 Python 工程项目的默认存储路径,用户也可单击其后的"📁"按钮,自定义存储路径;单击"Project interpreter:New Virtualenv environment"左边的图标。

图1.27 设置新建项目存储路径

· 14 ·

⑤选中"New environment using",在"Base Interpreter"后的文本框中显示了默认与项目关联的 Python 解释器,用户也单击"Base Interpreter"后的"□"按钮,自定义 Python 解释器。

⑥选中"Previously configured interpreter",单击"□"按钮,可选择已存在的 Python 解释器。

⑦单击"create",等待一会儿,可弹出如图 1.28 所示的界面。该界面中自动创建一个名为 PythonProject 的工程项目,内含一个 main. py 文件。

图 1.28　新建工程项目示意图

⑧右击刚才自动创建的 Python 工程项目-PythonProject,选择"New";选择"Python file",进入如图 1.29 所示的界面。

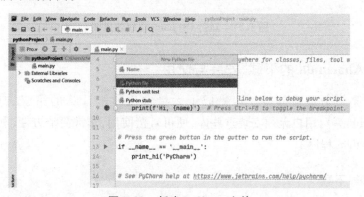

图 1.29　新建 PyCharm 文件

⑨在文本框中输入文件名(任意填写,如 example3),再按"Enter"键,进入如图 1.30 所示的界面。接下来,可在该文件空白区域编写代码(也可直接在 main. py 文件中编写代码)。

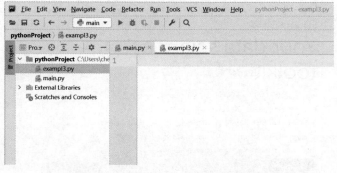

图 1.30　在 PyCharm 文件中编写代码

⑩写一个程序用于统计200以内的偶数与奇数个数,再单击"▶"按钮运行程序(也可在程序文件任意位置处右键单击,在弹出的下拉菜单中选择"Run'example3'"来运行程序)。其结果如图1.31所示。

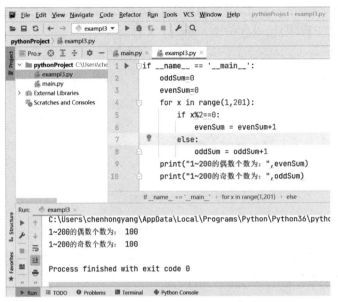

图1.31　运行 PyCharm 程序效果图

1.3.3　Anaconda 的下载、安装与使用

Anaconda 是一个免费软件。它集成了大量常用科学计算的第三方库(如 Pandas,numpy,matplotlib 等),用户无须安装这些库,便可直接使用,非常简洁方便,利于用户开发设计较复杂的 Python 程序。

1)Anaconda 下载

①在浏览器地址栏中输入官方网址,进入 Anaconda 的官网。其主页如图1.32所示。

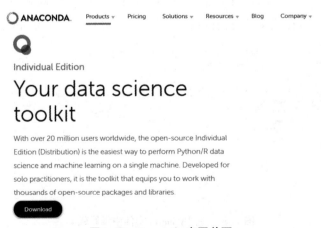

图1.32　Anaconda 官网首页

②单击"Download",进入如图 1.33 所示的界面。用户可以根据自己电脑的操作系统平台,选择对应的 Anaconda 安装包下载。以本机为例,这里选择基于 Windows 操作系统的 64-bit Graphical Installer(Python 3.8)。

图 1.33　进入 Anaconda 下载界面

2)Anaconda 安装与使用

①双击下载的 Anaconda 安装包,进入如图 1.34 所示的界面。

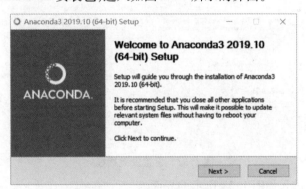

图 1.34　Anaconda 安装包下载界面

②单击"Next",进入如图 1.35 所示的界面。

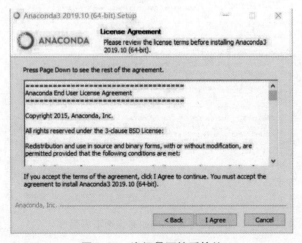

图 1.35　询问是否接受协议

③单击"I Agree",进入如图 1.36 所示的界面。

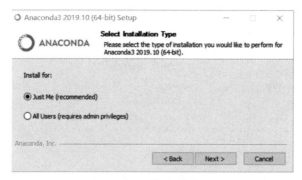

图 1.36　选择安装类型

④单击"Next",进入如图 1.37 所示的界面。用户可单击"Browse...",选择 Anaconda 的安装路径,也可选择默认的安装路径。

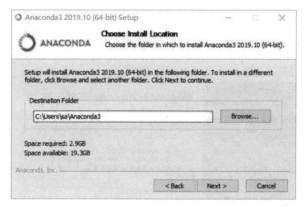

图 1.37　设置安装路径

⑤单击"Next",进入如图 1.38 所示的界面。

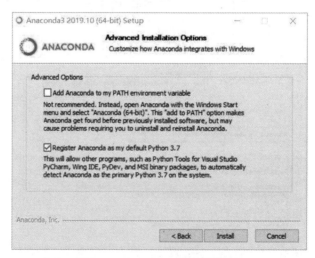

图 1.38　Anaconda 高级选项界面

⑥单击"Install",开始 Anaconda 的安装。等待几分钟后,会出现安装成功的界面,如图 1.39 所示。

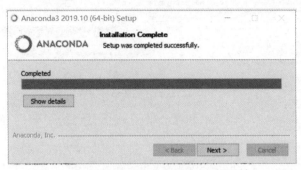

图 1.39 Anaconda 安装成功界面

⑦单击"Next",进入如图 1.40 所示的界面。

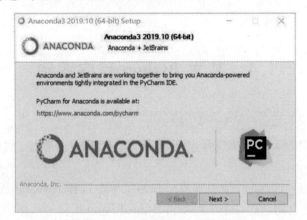

图 1.40 Anaconda×JetBrains 界面

⑧单击"Next",进入如图 1.41 所示的界面。

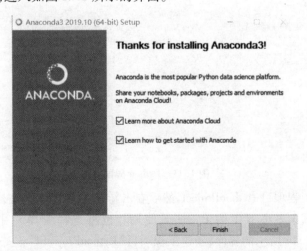

图 1.41 进入学习 Anaconda 示意图

⑨单击"Finish",进入如图 1.42 所示的界面。自动生成一个.py 文件,用户可在其中编

写代码，保存并运行。

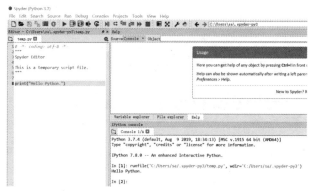

图 1.42　在 Anaconda 中创建 Python 文件

1.4　基本 Python 程序案例

这里以社区版 Pycharm 为集成开发环境编写一个 Python 程序，实现 200 以内整数的求和。

①双击桌面上的 Pycharm 快捷图标或从开始菜单中选择 Pycharm 程序，进入如图 1.43 所示的界面。里面已自动创建一个工程项目 PythonProject。

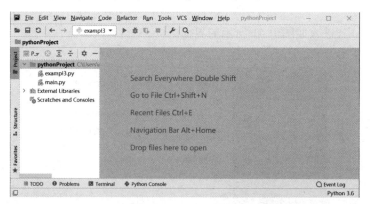

图 1.43　Python 界面

②用户可选择工程项目 PythonProject，然后右击新建一个 Python 文档，并在里面编写代码，具体操作详见 1.3.2 小节中的 Pycharm 使用。也可选择菜单栏中的"File"→"New Project"，进入如图 1.44 所示的界面，新建工程项目"PythonProject 1"。

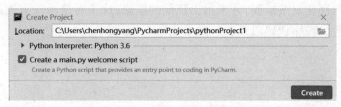

图 1.44　在 Python 中新建工程项目

③单击"Create",进入如图 1.45 所示的界面,询问用户是以何种方式打开新建的工程项目"PythonProject 1"。

右击

图 1.45　设置打开新建工程项目的方式

④单击"This Window"表示在当前窗口中打开,右键单击该工程项目,进入如图 1.46 所示的界面;然后双击打开项目"PythonProject 1"下方的 main. py,编写代码求解 200 以内整数的总和,并保存运行。其结果如图 1.47 所示。

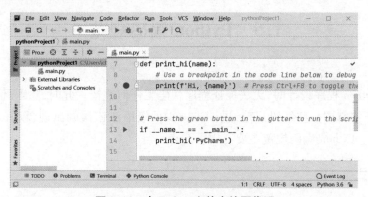

图 1.46　在 Python 文件中编写代码

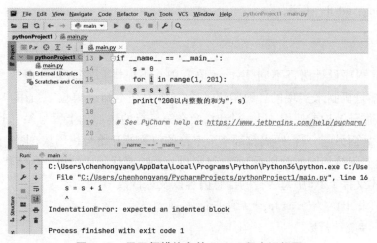

图 1.47　显示报错信息的 Python 程序运行图

Python程序设计

⑤上述程序因存在语法错误,并未得出预期的结果,这主要是由没有遵循严格的缩进机制引起的。修改后的程序代码以及运行结果如图 1.48 所示。

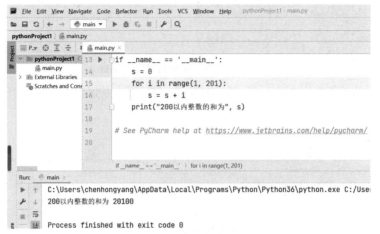

图 1.48　显示正确结果的 Python 程序运行图

1.5　Python 编码规范

在编写 Python 程序设计时,无法保证程序代码无任何差错。此时,除了具备一定的程序调试能力外,还需掌握一些编码规范,进一步减少低级语法错误的出现,较好地提高代码规范性与阅读性。Python 编码规范主要有以下 6 点:

1) 编码方式

一般情况下,Python 文件统一使用 utf-8 作为编码方式,通常会在文件头部加入编码信息,如#--coding:utf-8--标识。

2) 缩进

与 C,Java 程序设计语言不同,Python 语言中并不提供{}来表示代码块之间的逻辑关系,而是通过缩进机制来实现的。通常以 4 个空格为基本缩进单位。当用户在定义类、函数、选择结构、循环结构或使用 with 语句时,会在第一行的尾部加上冒号(:),这表示缩进的开始。在冒号后面另起一行,距离首部 4 个空格的位置处开始写代码块,隶属于同一个代码块中的多条语句保持相同的缩进量,缩进结束也就意味着代码块结束。具体代码如下:

#统计文本文件 1.txt 中每一行的信息内容以及总行数

with open("1.txt", 'r') as fp:　#缩进 1

    i=0　#统计行数

· 22 ·

```
for line in fp:   #缩进2
    print("每行信息:", line)
    i=i+1
print("该文件总共含有行数为:", i)
```

上述代码包含了两个缩进,第一个冒号表示缩进1的开始,代码块包含了3条语句:一个赋值语句、一个 for 循环和一个输出语句,均具有相同的缩进量;第二个冒号表示缩进2的开始,代码块也包含了两条语句:一个输出语句和赋值语句,保持相同的缩进量。

3)注释

为提高程序的阅读性,一般为编写的代码进行必要的注释,便于他人理解与阅读。Python 语言提供了两类注释:单行注释和多行注释。单行注释使用"#注释内容",多行注释则使用三单引号'''多行注释内容'''或三双引号"""多行注释内容"""。下面代码展示了单行注释与多行注释。

```
''' 编写程序实现一个
简单的九九乘法表'''
for i in range(1,10):   #控制输出的行数
    for j in range(1, i+1):   #控制每行输出的列数
        print('{0} * {1} = {2}'.format(i, j, i * j), end=' ')
    print()   #打印空行
```

4)import 语句导入模块

在程序设计时,有时常常会使用 import 语句导入各种模块,以便提高程序设计效率。但是,这些模块之间的导入顺序需遵循一定的原则。

①导入信息应放置于文件头部,通常位于模块注释和文档字符串之后,模块全局变量和常量之前。

②通常按照 Python 内置模块、第三方扩展模块、用户自定义模块的顺序依次导入,而且每个 import 语句仅导入一个模块。

例如,下面代码展示了各个模块的导入情况。

```
#导入 Python 内置模块
import math
import random
#导入第三方模块
import numpy as np
import pandas as pd
import jieba
#导入用户自定义模块
import mst   # mst 为用户在项目开发中自己定义的模块
```

上述 3 类模块的导入顺序不宜颠倒。

5）行长度,语句

①Python 文件中每一行代码长度都有一定的限制,除特殊情况外(如较长的模块导入语句,注释里的 URL 等),一般不超过 80 个字符,以避免出现过长的代码行。

②通常每一行代码只包含一条语句,其尾部不需要加分号。同时,也不能用分号将两条语句放置在同一行。一般每个语句独占一行,有时也会占据多行,如 if-else,while,for 语句。具体代码如下:

```
a =10    #行尾不加分号
if a%3 = =0:
    print(a)
else:
    pass    # if-else 语句占据多行
```

6）空格,空行

①在 Python 代码中,运算符两侧需要各自增加一个空格,逗号后面也需要增加一个空格,括号内不要包含空格。具体代码如下:

```
a =10
b =11
c = a * b
print("两个数为:", a, b)
print("两个数相乘的结果为:", c)
```

②为了将表达不同功能的代码有效分隔开,通常会使用空白行进行间隔。例如,每定义完一个类、一个函数和一段完整的功能代码后,都会增加空白行,以便与下方的代码分隔开。建议在函数定义或类定义之间空两行,在类定义与第一个成员方法之间,或需要进行语义分隔的地方空一行。具体代码如下:

```
from tkinter import *
from tkinter. messagebox import *
username = "sa"    #正确的用户名
password = "123456"    #正确的密码


def call1():    #定义一个函数
    if (a. get() = = username) and (b. get() = = password):
        showinfo('登录成功', '欢迎进入')
    else:
        showinfo('登录失败', '用户名和密码错误')
```

```
win = Tk()
win. geometry("300x180")
win. title("登录")

a = StringVar()
b = StringVar()
lb1 = Label(win, text = "用户名", width = 6)    #定义文本标签,显示"用户名"
lb1. place(x = 1, y = 1)

Entry(win, width = 20, textvariable = a). place(x = 45, y = 1)    #定义输入框

lb2 = Label(win, text = "密码", width = 6)    #定义文本标签,显示"密码"
lb2. place(x = 1, y = 20)

Entry(win, width = 20, show = "*", textvariable = b). place(x = 45, y = 20)    #定义输入框
Button(win, text = "登录", width = 8, command = call1). place(x = 40, y = 40)    #定义
登录按钮
Button(win, text = "取消", width = 8). place(x = 110, y = 40)    #定义取消按钮

win. mainloop()    #显示窗体
```

7)命名规范

对于程序代码中经常出现的常量、变量、函数、类、模块与包而言,其命名不是随意的,需要遵循一定的命名规范。

（1）常量

给常量命名时,通常采用全大写形式。例如,MAX_COUNT = 100。

（2）变量

与常量不同,当给变量命名时,尽量采用全小写形式。如果名字中含有多个单词时,则使用下画线将它们分割开。例如,total_number = 200。

（3）函数

与变量命名类似,函数名也采用小写形式,如有多个单词,用下画线隔开。例如,下面定义一个函数:

```
def get_name():
    return self. name
```

（4）类

给类命名时，常采用驼峰命名法，也就是要求首字母大写，其余可小写。例如，下面定义一个简单的类：

```
class Student：  #定义类名-Student
    pass
```

（5）模块与包

模块的命名规范与包相同，要求全部小写，且尽量不使用下画线。例如，下面展示了模块与包的导入。

```
import feature   #导入名为 feature 的模块
from subpackage import *   #从包 subpackage 中导入所有的模块
```

本章小结

本章主要介绍了 Python 语言的特点、常用版本、主要应用领域；Python 的安装与配置运行；IDLE，Pycharm，Anaconda 等 Python 集成开发环境的搭建过程与具体使用；使用 Python 语言进行编码时需要注意的常见编码规范。通过本章的学习，读者可对 Python 语言的特点及应用领域有一个大致的了解，能熟练运用 3 种方式搭建 Python 开发环境，进行简单程序编写与运行，并注意编码规范。

练习题 1

练习题 1

第 2 章 Python 基本语法知识

搭建好 Python 开发环境后,还需要掌握基本语法知识,才可编写简单的 Python 程序来解决日常问题。任何一门编程语言的基本语法知识都会涉及变量、数据类型、运算符及表达式等,而区别在于不同编程语言具有不同的思想观念与语法格式等。读者学习时,需注意与其他编程语言中涉及相关概念进行区别,以加强对 Python 语言基础语法知识的理解。

本章主要讲述 Python 变量、基本数据类型与数据结构以及运算符和表达式,包含以下知识点:

①Python 基本数据类型:整型、浮点型、复数、字符串、布尔类型及空值等。
②Python 变量定义存储数据的方式。
③Python 常见运算符和表达式。
④Python 数据结构:列表、元组、字典及集合。

2.1 Python 基本数据类型

面临实际问题时,程序设计人员可编写程序使计算机能处理各种各样的数据,以满足用户的需求。这些数据一般分为数值型和非数值型数据。其中,非数值型数据包括有文本、图形、音频及视频等。在程序中,处理的数据不同,所要定义的数据类型也不一样。

2.1.1 数值类型

Python 语言支持的数值类型包括整型、浮点型和复数等。

1)整型

在 Python 中,整型(int)即整数,包括正整数、负整数和0。按照进制划分,整数类型包括十进制数、八进制数、十六进制数及二进制数。

（1）十进制数

例如，123456789，-123456789，0。

说明：在 Python 3.x 中，如果输入的数字较大时，Python 会自动在其后面加上大写或小写字母 L，可支持任意大小的数字，主要取决于内存的大小。

（2）八进制数（由 0~7 组成，逢八进 1，以 0o 开头的数）

例如，0o123 →十进制 $83(3*8^0+2*8^1+1*8^2)$。

说明：在 Python 3.x 中八进制数必须以 0oc/OO 开头。

（3）十六进制数（由 0~9，A~F 组成，逢十六进 1，以 0X/0x 开头）

例如，0x123，0X123。

（4）二进制数（只有 0 和 1 两个基数，逢二进 1）

例如，101，110 011。

2）浮点型

浮点型（float）即小数，也称实数，如 1.2345，-1.2345 等。也可使用科学计数法表示，如 2.7e8，-3.14e5 等。

> **注意：**
>
> （1）在使用浮点数进行计算时，会出现小数位不确定的情况。例如，计算 0.1+0.1＝0.2，而计算 0.1+0.2 时，将得到结果 0.30000000000000004。所有语言都存在这个问题，暂时忽略多余的小数位即可。
>
> （2）由于浮点型数据运算可能存在一定的误差。因此，在比较两个浮点数是否相等时，不可以直接使用"＝＝"进行相等比较，而是通过计算两个浮点数之差的绝对值是否足够小来进行相等与否的判断。例如，比较 0.5-0.2 是否与 0.3 相等，可以这样做：abs(0.5-0.2-0.3)<1e-6。

3）复数

复数（complex）由实部+虚部组成，使用 j 或 J 表示虚部。Python 语言支持复数以及复数之间的相关运算。

例如，复数 A 的实部为 3.14，虚部为 12.5j，则可表示为：A＝3.14+12.5j。

下面程序展示了两个复数以及复数之间的相关运算。

```
>>> a＝1+2j
>>> b＝3+4j
>>> a+b    #求复数的和
```

```
      4+6j
>>> b-a   #求复数的差
      2+j
>>> a*b   #求复数的乘积
      (-5+10j)
>>> a.imag   #求复数的虚部
      2.0
>>> a.real   #求复数的实部
      1.0
>>> abs(b)   #求复数的模
      5.0
```

2.1.2 字符串

字符串就是一个值,一般使用单引号、双引号、三单引号、三双引号作为定界符包裹起来的一系列字符,且定界符之间可以相互嵌套,形成更为复杂的字符串。由于 Python 中没有字符变量和常量的概念,因此单个字符也被看成字符串。对空字符串,通常使用''或""来表示。

例如,下面展示了多种形式的字符串。

'p','hello',"hello, world!",'''Python is easy.''',"""this ia a long string.""","""she said:"I am a student, what about you""""

有时,字符串中会含有一些转义字符(见表2.1),就会影响字符串的表示,尤其是在表示一个文件存储路径、网页地址 URL 时,不能对转义字符进行转义。此时,可在字符串界定符前面加字母 r 或 R 来表示原始字符串。

表2.1 转移字符

转义字符	含 义	转义字符	含 义
\b	退格,把光标移动到前一列位置	\\	一个斜线\
\f	换页符	\'	单引号'
\n	换行符	\"	双引号"
\r	回车	\ooo	3 位八进制数对应的字符
\t	水平制表符	\xhh	2 位十六进制数对应的字符
\v	垂直制表符	\uhhhh	4 位十六进制数表示的 Unicode 字符

例如,下面代码展示了字符串的使用方式。

```
>>> path="C:\Windows\note.txt"
>>> print(path)
C:\Windows
```

ote. txt

```
>>> path = r"C:\Windows\note. txt"
>>> print(path)
C:\Windows\note. txt
```

Python 3. x 对中文是支持的。它会将中文和英文同等对待,看成一个字符。用户还可以以中文作为变量的名字,具体示例代码如下:

```
>>> str1 = "hi,李老师。"
>>> len(str1)
7
>>> 名字 = 'Mark'
>>> 名字
'Mark'
```

2.1.3　布尔类型

对布尔类型的数据,其值只有"真"或"假",也就是"True"或"False"。下面的值在作为布尔表达式时,会被解释器看成假(False)。

```
False    None    0    0.0    ''    ""    ()    []    {}
```

换言之,也就是标准值 False 和 None、所有类型的数字 0(包括浮点型、整型和其他类型)、空序列(如空字符串、元组和列表)以及空的字典都为假。其他的一切都被解释为真(包括特殊值 True)。

Python 中的所有值都能被解释为真值,标准的布尔值为 True 和 False。在一些语言中(如 C++,Java 等)标准的布尔值为 0(表示假)和 1(表示真)。

```
>>> True
   True
>>> False
   False
>>> True == 1
   True
>>> False == 0
   True
>>> True+False+10
   11
```

2.1.4　空　值

None 是一个特殊的值,不是 0,也不是字符串的''或"";实质上,None 表示什么也没有,是一个空对象。

注意:None 和 False 不同,None 不是 0,也不是空字符串。None 和任何其他的数据类型比较永远返回 False。None 有自己的数据类型 NoneType,可将 None 复制给任何变量,但不能创建其他 NoneType 对象。Nonetype 和空值是不一致的,可理解为 Nonetype 为不存在这个参数,空值表示参数存在,但值为空。

2.1.5　数据类型转换

Python 中提供了一些常用内置函数,专门用于对不同类型数据之间的转换,见表 2.2。

表 2.2　常用数据类型转换函数

函　　数	作　　用
int(x)	将 x 转换成整数类型
float(x)	将 x 转换成浮点数类型
complex(real[,imag])	创建一个复数
str(x)	将 x 转换为字符串
repr(x)	将 x 转换为表达式字符串
eval(x)	计算在字符串中的有效 Python 表达式,并返回一个对象
chr(x)	将 ASCII 码整数 x 转换为一个字符
ord(x)	将一个字符 x 转换为它所对应的整数值
hex(x)	将一个整数 x 转换为一个十六进制字符串
oct(x)	将一个整数 x 转换为一个八进制字符串
bin(x)	将一个整数 x 转换为一个二进制字符串
tuple(s)	将序列 s 转化为一个元组
list(s)	将序列 s 转化为一个列表
set(s)	将序列 s 转化为一个集合
dict(s)	将序列 s 转化为一个字典

下面代码展示了常用数据类型转换函数的具体使用。

```
>>> x=18
>>> y=111.22
>>> z="1234"
>>> int(z)
1234
>>> str(y)
'111.22'
```

```
>>> eval("x+100")
118
>>> bin(x)
'0b10010'
>>> oct(x)
'0o22'
>>> hex(x)
'0x12'
>>> tuple([1,2,3,4])
(1,2,3,4)
>>> set([1,2,2,2,3,4])
{1,2,3,4}
>>> ord('C')
67
>>> chr(70)
'F'
```

2.2　常量和变量

1)变量

与 C 语言中的变量不同,在 Python 中,变量可不用事先声明数据类型,而是直接将各种不同类型的数据赋值给变量,即可实现变量对象的创建。

例如,x=100,表示创建了一个整型变量 x,并为其赋值 100;该赋值语句执行过程是这样的:首先在内存中开辟一段空间,将 100 存入其中;然后将变量 x 指向该内存空间地址。本质上,Python 变量里存储的并不是具体的数据,而是数据值的引用或数据值所在内存模块的地址。因此,Python 中的变量可以是任意类型的。例如,x='Python' 则表示变量 x 的数据类型为字符串类型。

```
>>> x=100
>>> id(x)    #输出显示 x 中的引用值
1755609664
>>> x='Python'
>>> id(x)
2950910833528
```

```
>>> x+='hello'
>>> id(x)
2950910797680
```

由于 Python 是采用基于值的内存管理模式。因此,当为多个不同变量赋予相同值时,这些值仅在内存中保留一份(限定于-5 至 256 的整数和短字符串),也就是说多个变量指向同一个内存地址。这种方式在一定程度上减少了存储空间的浪费,进一步提高内存空间利用率。

```
>>> a=25
>>> b=25
>>> c=25
>>> id(a)
1755607264
>>> id(b)
1755607264
>>> id(c)
1755607264
```

因 Python 中变量的数据类型主要是根据所赋值来判断的,故称 Python 是强类型编程语言。另外,变量的数据类型也时常变动,故称 Python 为动态型语言。

```
>>> a1=True
>>> type(a1)
<class 'bool'>
>>> a1='hello'
>>> type(a1)
<class 'str'>
>>> a1=100.25
>>> type(a1)
<class 'float'>
```

以上简介了 Python 语言中变量定义存储数据的方式,那么对变量名也是需要注意一些命名规范的。

①变量名可以包括字母、数字和下画线(_),但必须以字母或下画线开头。

②变量名中不能包含空格与标点符号(如括号、引号、逗号、斜线、反斜线、冒号、句号及问号等)。

③不能使用 Python 中的关键字作为变量的名字。

④变量名是要区分大小写的。例如,ah 和 Ah 就是不同的变量名。

⑤可内置模块名、类型名、函数名以及已导入的模块名等作为变量名字,一般不建议这样做,会造成歧义。

2）常量

常量即其值不能改变的量。例如，数字 1，-1 等。

2.3 运算符与表达式

当定义变量存储数据后，就需要使用运算符与其组合形成表达式来完成对数据的处理功能。运算符是对数据进行某种运算的符号；而数据则是常量、变量或函数；由运算符与操作数组成的一个简单的或复杂的式子，称为表达式。一个常量或变量也会被看成最简单的一个表达式。下面将简介 Python 中的运算符与表达式。

2.3.1 运算符

Python 中的运算符主要分为算术运算符、比较（关系）运算符、赋值运算符、逻辑运算符、位运算符、成员测试运算符及同一性测试运算符等。运算符之间也是有优先级的。下面将就其使用方法进行具体介绍。

1）算术运算符

算术运算符作用于数值型数据时，表示作算术运算；而作用于字符串，列表，元组等可迭代对象时则表示作连接操作。Python 常见算术运算符见表 2.3。

表 2.3 Python 的算术运算符

运算符	描　　述
+	两个数相加，或是字符串，元组等连接
-	两个数相减，或是求集合差集
*	两个数相乘，或是返回一个元素重复若干次的可迭代对象，不可作用于集合与字典
/	两个数相除，结果为浮点数（小数），实质为数学上真正意义上的除法
//	两个数相除，结果为向下取整的整数
%	取模，返回两个数相除的余数
**	幂运算，返回乘方结果

上述算术运算符使用的示例和运行结果如下：

>>> 5+4

9

>>> 4.3-2

2.3
```
>>> 3 * 7
21
>>> 2 / 4
0.5
>>> 2 // 4
0
>>> 17%3
2
>>> 2 ** 5
32
>>> [3,4,5]+[0,1,2,3]
[3,4,5,0,1,2,3]
>>> 'hello'+'Python'
'helloPython'
>>> (1,2,3,4)+('1','3',4,'34')
(1,2,3,4, '1', '3',4, '34')
>>> "qqq " * 3
'qqq qqq qqq '
>>> [1,2,3,4] * 2
[1,2,3,4,1,2,3,4]
>>> {1,2,3,4,5,6}-{3,4,5}
{1,2,6}
```

2) 关系运算符

关系运算符也称比较运算符,主要用于比较同类型数据之间的大小。常见的关系运算符见表 2.4,且 Python 支持关系运算符的连用。

表 2.4　Python 的比较(关系)运算符

运算符	描　　述
==	比较两个对象是否相等
!=	比较两个对象是否不相等
>	大小比较,如 x>y 将比较 x 和 y 的大小,如 x 比 y 大,返回 True,否则返回 False
<	大小比较,如 x<y 将比较 x 和 y 的大小,如 x 比 y 小,返回 True,否则返回 False
>=	大小比较,如 x>=y 将比较 x 和 y 的大小,如 x 大于等于 y,返回 True,否则返回 False
<=	大小比较,如 x<=y 将比较 x 和 y 的大小,如 x 小于等于 y,返回 True,否则返回 False

上述比较(关系)运算符的示例如下：

```
>>> a =1
>>> b =2
>>> a == b
False
>>> a！ = b
True
>>> a > b
False
>>> a < b
True
>>> a >= b
False
>>> a <= b
True
>>> a<b>3    #等价于 a<b and b>3
False
>>> a<b<0    #等价于 a<b and b<0
False
```

3）赋值运算符

Python 的赋值运算符包含常规赋值运算符与复合赋值运算符,见表 2.5。

表 2.5　Python 的赋值运算符

运算符	描　　述
=	常规赋值运算符,将运算结果赋值给变量
+=	加法赋值运算符,如 a+=b 等效于 a=a+b
-=	减法赋值运算符,如 a-=b 等效于 a=a-b
* =	乘法赋值运算符,如 a * =b 等效于 a=a * b
/=	除法赋值运算符,如 a/=b 等效于 a=a/b
% =	取模赋值运算符,如 a%=b 等效于 a=a%b
** =	幂运算赋值运算符,如 a ** =b 等效于 a=a ** b
//=	取整除赋值运算符,如 a//=b 等效于 a=a//b

上述赋值运算符的示例如下：

```
>>> a =2
>>> b =3
```

```
>>> a+=b
>>> a
5
>>> a−=b
>>> a
2
>>> a * =b
>>> a
6
>>> a/ =b
>>> a
2.0
>>> a% =b
>>> a
2.0
>>> a * * =b
>>> a
8.0
>>> a// =b
>>> a
2.0
```

4）逻辑运算符

逻辑运算符用以连接条件表达式以构建更加复杂的条件表达式。Python 中的逻辑运算符共 3 个,详见表 2.6。

表 2.6　Python 的逻辑运算符

运算符	描　　述
and	逻辑"与"运算符,返回两个表达式"与"运算的结果,可能为 True 或 False,也可能是最后一个表达式的值
or	逻辑"或"运算符,返回两个表达式"或"运算的结果,可能为 True 或 False,也可能是最后一个表达式的值
not	逻辑"非"运算符,返回对表达式"非"运算的结果,为 True 或 False

上述逻辑运算符的示例如下:

```
>>> a =True
>>> b =False
>>> a and b
```

```
False
>>> a or b
True
>>> not b
True
>>> 3 and 5
5
>>> 4>1 or math. pow(2,4)<0
True
>>> math. pow(2,4)<0 or 4>1
Traceback (most recent call last):
File "<stdin>", line 1, in <module>
NameError：name 'math' is not defined
```

从上述实例运行结果可知,逻辑运算符 and, or 具有惰性求值的特性。也就是说,当使用它们连接多个表达式时,只需计算必须计算的表达式值,不必全部计算,一定程度上提高程序的运行速率。例如,表达式 A and B,若 A 取值为 False,整个表达式结果为 False,表达之 B 的值就不再计算;而对表达式 A or B,若 A 取值为 True,整个表达式结果为 True,表达之 B 的值也不再计算了。

5）位运算符

位运算符主要作用于整数,它先将整数转换为二进制,再按照位运算规则对二进制进行位运算。Python 的位运算符见表 2.7。

表 2.7　Python 的位运算符

运算符	描　　述
&	按位"与"运算符:参与运算的两个值,如果两个相应位都为 1,则结果为 1,否则为 0
|	按位"或"运算符:只要对应的两个二进制位有一个为 1 时,结果就为 1
^	按位"异或"运算符:当两对应的二进制位相异时,结果为 1,否则为 0
~	按位"取反"运算符:对数据的每个二进制位取反,即把 1 变为 0,把 0 变为 1
<<	"左移动"运算符:运算数的各二进制位全部左移若干位,由"<<"右边的数指定移动的位数,高位丢弃,低位补 0
>>	"右移动"运算符:运算数的各二进制位全部右移若干位,由">>"右边的数指定移动的位数

上述位运算符的示例如下:

```
>>> a=55   #a=0011 0111
>>> b=11   #b=0000 1011
```

```
>>> a&b
3
>>> a|b
63
>>> a^b
60
>>> ~a
-56
>>> a<<3
440
>>> a>>3
6
```

6) 成员测试运算符

Python 的成员测试运算符共两个,见表 2.8。该运算符主要用于判断某一个对象是否为另外一个对象的成员。

表 2.8　Python 的成员运算符

运算符	描　　述
in	当在指定的序列中找到给定值时,返回 True,否则返回 False
not in	当在指定的序列中没有找到给定值时,返回 True,否则返回 False

上述成员运算符的示例如下:

```
>>> a=1
>>> b=20
>>> l=[1,2,3,4,5]
>>> a in l
True
>>> b not in l
True
>>> 'abc' in 'abcdgfh'
False
```

7) 同一性测试运算符

Python 的同一性测试运算符共两个,见表 2.9。该运算符用于判断两个对象的内存地址是否一样。若是,则认为两个对象是同一个对象;否则,不是同一个对象。

表 2.9　Python 的同一性测试运算符

运算符	描　　述
is	判断两个标识符是否引用自同一个对象,若是同一个对象则返回 True,否则返回 False
is not	判断两个标识符是不是引用自不同对象,若不是同一个对象则返回 True,否则返回 False

上述身份运算符的示例如下:

```
>>> a = 123
>>> b = 123
>>> c = 456
>>> a is b
True
>>> a is not c
True
```

注意:众所周知,在 C 语言等编程语言中含有自增、自减运算符(++,--),但 Python 并不支持这类运算符。例如,下面示例展示了++,--等自增运算符在 Python 程序中使用方式。

```
>>> i = 10
>>> ++i
10
>>> --i
10
>>> ---i
-10
>>> 3+-11
-8
>>> i++
  File "<stdin>", line 1
    i++
      ^
SyntaxError: invalid syntax
>>> i--
  File "<stdin>", line 1
    i--
      ^
SyntaxError: invalid syntax
```

2.3.2　表达式

Python 表达式是常量、变量和操作符(或称运算符)的组合。单独的一个常量是一个表达式,单独的变量也是一个表达式。运算符和操作数一起构成表达式,操作数可使用标识符表示,如 a=3;b=2;c=a*b,表达式是 Python 程序最常见的代码。

Python 代码由表达式和语句组成,并由 Python 解释器负责执行。它们的主要区别是"表达式"是一个值,它的结果一定是一个 Python 对象。当 Python 解释器计算它时结果可以是任何对象。例如,42,1+2,int('123'),range(10)等。

运算符是有优先级的,当其与操作数一起构成表达式时,优先级高的式子则会优先计算。最简单的如赋值运算符中的数学算式:"0*1+2"和"0+1*2"结果一定不一样,在"0+1*2"中优先运算"1*2"。当然,并非只有赋值运算才优先级,并且在各种运算符之间也有优先级。

#在下面这个运算中,假设 a,b,c 都是 ture 值,因为 and 的优先级大于 or,所以最后结果是 a#
>>> a or b and c
a
#在下面这个运算中,假设 a,b,c,d 都是 ture 值#
#因为+的优先级大于 and 大于 or,所以最后结果是 a + b 的结果#
>>> a + b or c and d
a + b
#用括号表现优先级就是:先运行 a + b,再运行 c or d 得到 d,最后运行(a+b) or d#
>>> (a + b) or (c and d)
a + b

Python 中各个运算符之间的优先级按照从高到低排列依次为:算术运算符、位运算符、成员测试运算符、关系运算符、逻辑运算符。有时,操作数与运算符构造的表达式十分复杂,内含的运算符也较多,以致不易区分清楚运算符的优先级规则。此时,可采用小圆括号在合适的位置上将优先运算的表达式给包裹起来,这样就使表达式的含义更加明确。

2.4　字符串常用处理方法

字符串的方法非常丰富,这是因字符串从 string 模块中"继承"了很多方法。下面介绍一些特别有用的方法。

1)find( )，rfind( )与 index( )

find( )方法用于在主字符串中从左向右检测子字符串 str 是否出现,如果指定 beg(开始)和 end(结束)范围,则表示在指定范围内查找。如果找到,则返回子字符串在主串中第一次出现的位置(索引);否则,返回-1。rfind( )和 find( )方法作用相同,也是在主串中查找子字符串。不同的是,如果找不到时,会抛出异常。index( )和 find( )方法一样,用于寻找子字符串在主串中第一次出现的位置。不同的是,如果找不到,则会报错。

(1)语法形式

find( )方法语法:

str. find(str, beg=0, end=len(string))

(2)参数

- str——指定检索的字符串。
- beg——开始索引,默认为 0。
- end——结束索引,默认为字符串的长度。

(3)返回值

如果包含子字符串返回开始的索引值,否则返回-1。

(4)实例

```
>>> str1 = "this is a string example…. string"
>>> str2 = "string"
>>> str1. find( str2 )
10
>>> str1. find( str2 ,12 )
-1
>>> str1. find( str2 ,2 ,18 )
10
>>> str1. rfind( str2 )
28
>>> str1. index( 'the' )
Traceback ( most recent call last ):
File "<stdin>", line 1, in <module>
ValueError: substring not found
```

2)count( )

count( )方法用于统计一个字符串在另一个字符串中出现的次数。例如:

```
>>> st = "How do you do?"
>>> st. count('do')
2
```

3）join( )

join( )方法用于将序列中的元素以指定的字符（连接符）连接生成一个新的字符串。

（1）语法

join( )方法语法：
str. join(sequence)

（2）参数

sequence ——要连接的元素序列。
str——连接符。

（3）返回值

返回通过指定字符连接序列中元素后生成的新字符串。

（4）实例

下面实例展示了 join( )的使用方法。
```
>>> str = "-"
>>> seq = ("aa", "bb", "cc")    #字符串序列
>>> str. join( seq)
aa-bb-cc
```

4）replace( )

replace( )方法把字符串中的 old（旧字符串）替换成 new（新字符串），如果指定第三个参数 max，则替换不超过 max 次。

（1）语法

replace( )方法语法：
str. replace(old, new[, max])

（2）参数

old ——将被替换的子字符串。
new ——新字符串，用于替换 old 子字符串。
max ——可选字符串，替换不超过 max 次。

(3)返回值

返回字符串中的 old(旧字符串)替换成 new(新字符串)后生成的新字符串。

(4)实例

下面实例展示了 replace()的使用方法。
```
>>> str = "this is string example.... this is really string"
>>> str.replace("this", "it")
'it is string example.... it is really string'
>>> str.replace("this", "it",1)
'it is string example.... this is really string'
```

5)split()

使用 split()方法可按照指定分隔符对字符串进行分隔以形成多个子字符串,如果参数 num 有指定值,则分隔 num+1 个子字符串。
split()方法语法:
str.split(str="", num=string.count(str))

(1)参数

str——分隔符,默认为所有的空字符,包括空格、换行(\n)、制表符(\t)等。
num——分割次数。默认为-1,即分隔所有。

(2)返回值

返回分割后的字符串列表。

(3)实例

下面实例展示了 split()的使用方法。
```
>>> str = "1997-02-17"
>>> str.split('-')    #以'-'为分隔符
['1997', '02', '17']
>>> str.split('-',1)    #以空格为分隔符,分隔成两个
['1997', '02-17']
>>> s="this is my packet"
>>> s.split()    #默认以空格,换行,水平制表符等为分隔符
['this', 'is', 'my', 'packet']
```

6)strip

strip()方法用于移除字符串头尾指定的字符(默认为空格或换行符)或字符序列。这里

需要注意的是,该方法只能删除开头或是结尾的字符,不能删除中间部分的字符。

strip( )方法语法:

str. strip([chars])

（1）参数

chars ——移除字符串头尾指定的字符序列。

（2）返回值

返回移除字符串头尾指定的字符生成的新字符串。

（3）实例

下面实例展示了 strip( )的使用方法。
```
>>> str ='aaaa123456aaa'
>>> str. strip('a')    #去除首尾字符'a'
'123456'
>>> str1 =' wwwwssss '
>>> str1. strip( )    #去除首尾空格
'wwwwssss'
>>> str2 ='aadd1111ssfff'
>>> str2. strip('adf')    #去除首尾字符'a','d','f'
'1111ss'
```

7）lower( ), upper( ), swapcase( ), captitalize( ), title( )

lower( )方法用于将字符串中所有大写字符转换为小写;upper( )方法用于将字符串中所有小写字符转换为大写;swapcase( )用于将字符串中的大小写字符进行相互转换,也就是会将大写字符转换为小写,小写字符转换为大写;captitalize( )则会将字符串中的首个字符转为大写;title( )使得字符串中的每个单词的首字母转为大写。

下面实例展示了上述各种方法的使用。
```
>>> str2. strip('adf')
'1111ss'
>>> s1 ='what about you ? she SAID'
>>> s1. lower( )
'what about you ? she said'
>>> s1. upper( )
'WHAT ABOUT YOU ? SHE SAID'
>>> s1. swapcase( )
'WHAT ABOUT YOU ? SHE said'
```

```
>>> s1. title( )
'What About You ? She Said'
>>> s1. capitalize( )
'What about you ? she said'
```

8) startswith( ) , endswith( )

若要判断一个字符串是否以某个指定字符串开头或结尾,则可使用 startswith( ) ,
endswith( )方法。具体代码使用方法如下:

```
>>> s = 'The flower is very beautiful!'
>>> s. startswith('The')
True
>>> s. startswith('very')
False
>>> s. endsswith('!')
>>> s. endswith('!')
True
```

9) isalnum( ) , isalpha( ) , isdigit( ) , isspace( ) , isupper( ) , islower( )

isalnum( )方法用于判断字符串中是否只包含数字或字母;isalpha( )用于检测字符串是
否只包含字母;isdigit( )用于检测字符串中是否只含有数字;isspace( )用于判断字符串是否
为空格;isupper( )用于判断字符串是否为大写;islower( )则表示字符串是否为小写。上述方
法的具体代码使用方法如下:

```
>>> s1 = '123456'
>>> s1. isdigit( )
True
>>> s1. isalnum( )
True
>>> s2 = 'sdef11122'
>>> s2. isalnum( )
True
>>> s2. isalpha( )
False
>>> s3 = 'ASDsf'
>>> s3. islower( )
False
>>> s4 = 'ASDSD'
>>> s4. isupper( )
```

True

>>> s4. isspace( )

False

2.5　常用数据结构

Python 中的常用数据结构主要有列表、元组、字典及集合。下面将对各个数据结构的基本概念,数据存储方式,以及数据元素访问、添加、修改及删除等操作进行详细介绍。

2.5.1　列　表

列表是 Python 中最基本的数据结构。形式上,列表与数组类似,由"[ ]"将数据元素包裹起来,且每一个数据元素之间用逗号隔开;列表中每个元素都有唯一的位置或索引号来标识,索引号从 0 开始。但与数组不同的是,列表中存储的数据元素类型不要求一致,可以是整数、浮点数、复数、字符串、布尔值等基本类型的数据,也可以是复杂的数据类型,如列表、元组、字典及集合等。若列表中没有数据元素,则只用一个方括号[ ]表示,这是一个空列表。下面展示了一些合法的列表样式。

list1 = ['physics' , 'chemistry' ,1997 ,2000]

list2 = [1 ,2 ,3 ,4 ,5]

list3 = ["a" , "b" , "c" , "d"]

list4 = [1 ,2.3 , "3" , True ,[5 ,6 ,7]]

list5 = [[1 ,2] , {3 ,4} , (5 ,7)]

list6 = [{"a":1 , "b":2} , {"c":3 , "d":4 , "e":5}]

list7 = [ ]

在实际问题中,可创建列表来存储所需的数据,也可对列表中的数据元素进行访问、添加、修改、删除、排序及逆序等操作,这依赖于列表中内含的内置方法,见表 2.10。

表 2.10　列表常用内置方法

序号	方　　法
1	list. append(obj)在列表末尾添加新的对象
2	list. count(obj)统计某个元素在列表中出现的次数
3	list. extend(seq)在列表末尾一次性追加另一个序列中的多个值
4	list. index(obj)从列表中找出某个值第一个匹配项的索引位置
5	list. insert(index, obj)将对象插入列表

续表

序号	方　　法
6	list. pop([index=-1])移除列表中一个元素(默认最后一个元素),并返回该值
7	list. remove(obj)移除列表中某个值的第一个匹配项
8	list. reverse()翻转列表中元素
9	list. sort(cmp=None, key=None, reverse=False)对原列表进行排序

1)创建列表

一般通过两种方式来创建列表存储相关数据。第一种是直接定义一个变量,然后通过赋值运算符"="将列表赋值给变量,从而实现列表对象的创建。例如,a=[1,2,3,4,'aa','bb',21.12, True], b=[]。第二种方式则是利用 list()函数将元组,字符串,range 对象、字典、集合等可迭代对象转换为列表。例如:

```
>>> a1=list('abcdefg')    #将字符串转换为列表
>>> a1
['a', 'b', 'c', 'd', 'e', 'f', 'g']
>>> a2=list((11,12,13,14))    #将元组转换为列表
>>> a2
[11,12,13,14]
>>> a3=list(range(1,10,3))    #将 range 对象转换为列表
>>> a3
[1,4,7]
>>> a4=list({1,2.2,'ww', True})    #将集合转换为列表
>>> a4
[1,2.2, 'ww']
#将字典中的键转换为列表中的元素
>>> a5=list({'a1':11,'a2':22,'a3':33})
>>> a5
['a1', 'a2', 'a3']
#将字典中的值转换为列表中的元素
>>> a6=list({'a1':11,'a2':22,'a3':33}. values())
>>> a6
[11,22,33]
#将字典中的键值对转换为列表中的元素
>>> a7=list({'a1':11,'a2':22,'a3':33}. items())
>>> a7
```

[('a1',11),('a2',22),('a3',33)]

2）添加列表元素

列表中包含了一些常用方法,如 append()、insert()和 extend()方法,用于实现向列表中添加新的数据元素。其中,append()方法用于向列表尾部添加一个新的数据元素;insert()方法用于向列表指定位置处添加一个数据元素;extend()方法则将一个列表中的数据元素添加到另一个列表中,从而实现一次性向列表中添加多个元素的功能。具体示例代码如下:

```
>>> list =[]   #空列表
>>> list.append('Google')   #使用 append()添加元素
>>> list.insert(1,'Baidu')   #使用 insert()添加元素
>>> list.extend(['Yahoo','Cisco','Amazon'])   #使用 extend()添加元素
>>> list
['Google', 'Baidu', 'Yahoo', 'Cisco', 'Amazon']
```

3）删除列表元素

Python 列表中提供了 pop()、remove()、clear()方法用于删除列表中的元素;还可使用 del 命令来删除列表的单个元素或直接将整个列表删除掉。其中,pop()方法用于删除列表中指定位置上的数据元素,并返回已删除元素值,默认删除最后位置上的元素;remove()方法用于删除列表中第一个与给定值相等的数据元素;clear()方法则可清空整个列表,得到空列表。具体删除操作的代码示例如下:

```
>>> list1 =['physics', 'chemistry',1997,2000,[11,22,33],2000]
>>> list1.pop()
[11,22,33]
>>> list1.pop(2)
1997
>>> list1.remove(2000)
['physics', 'chemistry',[11,22,33],2000]
>>> del list1[0]
>>> list1
['chemistry',[11,22,33],2000]
>>> list1.clear()
>>> list1
[]
```

4）访问列表元素

由于列表中每一个数据元素都有唯一的位置,一般也称索引。因此,可像 C 语言中的数组元素访问那样使用下标或索引来访问列表中某一个位置上的数据元素。与数组元素访问

不同,Python 既支持正向索引,也支持负向索引。正向索引号从 0 开始,该位置上的元素代表第 1 个元素;索引号为 1,表示第 2 个元素,以此类推,第 n 个元素的索引号为 $n-1$。对负向索引,其索引号是从-1 开始,表示列表中倒数最后一个元素;索引号为-2 表示倒数第 2 个元素。具体索引信息见表 2.11。

表 2.11　正负索引信息

列表	'H'	'e'	'l'	'l'	'o'	','	'w'	'o'	'r'	'l'	'd'
正向索引	0	1	2	3	4	5	6	7	8	9	10
负向索引	-11	-10	-9	-8	-7	-6	-5	-4	-3	-2	-1

通过索引号访问列表中元素的示例代码如下:

```
>>> list =['H','e','l','l','o',',','w','o','r','l','d']
>>> list[0]
'H'
>>> list[-3]
'r'
```

5)列表切片操作

通过索引号只能访问列表中的单个元素,若是想访问列表中的多个元素,则可使用切片。通过切片,一方面可截取列表中的部分数据元素,然后返回一个新列表;另一方面,还可实现对列表元素进行添加、删除、修改等基本操作。

在形式上,切片表示为由两个冒号隔开的 3 个数字,并以[]包裹。例如,[start:end:step]。这里的 start 表示切片的起始位置,默认为 0,end 表示终止位置(但该位置上的元素不能获取到),默认为列表长度,而 step 则表示切片的步长,默认为 1;当各个参数取默认值时,则可忽略不写。

①通过切片获取列表中的部分数据元素,示例代码如下:

```
>>> list1 =['physics', 'chemistry',1997,2000]
>>> list1[::]
['physics', 'chemistry',1997,2000]
>>> list1[1:4]
['chemistry',1997,2000]
>>> list1[::2]
['physics',1997]
>>> list1[::-1]
[2000,1997, 'chemistry', 'physics']
>>> list1[-1::-2]
```

〔2000′，chemistry′〕

②通过切片向列表中添加数据元素,示例代码如下:

```
>>> list1 = ['physics', 'chemistry',1997,2000]
>>> list1[4::] = [True, False,100.25]    #在列表尾部添加数据元素
>>> list1
['physics', 'chemistry',1997,2000, True, False,100.25]
>>> list1[:0] = [[1,2],11]    #在列表头部添加数据元素
>>> list1
[[1,2],11,'physics', 'chemistry',1997,2000, True, False,100.25]
>>> list1[2:2:] = ['3000', 'chinese']    #在列表中间添加数据元素
>>> list1
[[1,2],11,'3000','chinese','physics','chemistry',1997,2000, True, False,100.25]
```

③通过切片修改列表中的部分数据元素,示例代码如下:

```
>>> list1 = ['physics', 'chemistry',1997,2000]
>>> list1[::2] = ['english',2021]
>>> list1
['english', 'chemistry',2021,2000]
>>> list1[1:3] = [88.88,10000]
['english',88.88,10000,2000]
```

④通过切片与 del 命令结合可以删除列表中的部分数据元素,示例代码如下:

```
>>> list1 = ['physics', 'chemistry',1997,2000,99,[1,2,3], True]
>>> list1[:2:] = []
>>> list1
[1997,2000,99,[1,2,3], True]
>>> del list1[1:3]
>>> list1
[1997,[1,2,3], True]
>>> del list1[::2]
>>> list1
[[1,2,3]]
```

6)列表排序,逆序与元素个数统计

一般使用 sort()方法用于对列表中的元素进行排序,默认为升序;用 reverse()方法对列表进行翻转,count()来统计某个元素在列表中出现的次数。具体示例代码如下:

```
>>> list1 = ['p', 'y', 't', 'h', 'o', 'n']
>>> list1.sort()    #升序排列
>>> list1
```

['h', 'n', 'o', 'p', 't', 'y']
```
>>> list1. reverse( )    #逆序排列
>>> list1
['y', 't', 'p', 'o', 'n', 'h']
>>> list1. count('p')
1
```

7)列表推导式及应用

Python 为用户提供了一种基于其他序列或可迭代对象快速创建新列表的简洁方式。这就是列表推导式,主要是利用 for 循环遍历 Python 序列或其他可迭代对象中的元素以构造表达式,从而产生新列表。列表推导式的结构是在一个方括号里包含一个表达式,后面跟随着1 个或多个 for 语句,而每一个 for 语句后面有 0 个或 1 个 if 语句。本质上,它就是一个较简洁的循环语句。它的语法格式如下:

```
[expression for elem1 in seq1 if con1
            for elem2 in seq2 if con2
            …
            for elemN in seq1 if conN
]
```

列表推导式中的 expression 是任意的,一般是根据多个序列(seq1,seq2,…, seqN)中符合相应筛选条件(con1,con2,…, conN)的多个元素(elem1,elem2,…, elemN)所构建的表达式,可简单可复杂。列表推导式的执行流程为:首先执行第一个 for 语句(作为最外层循环)、然后执行 if 语句,随后依次往右入一层执行内层的 for 语句和 if 语句;最后执行表达式-expression,每一次计算表达式所得值就会被作为新列表中的数据元素。

例如,下面代码:

```
>>> [i**2 for i in[1,2,5,7,12,13,14,16] if i%2 == 0]
[4,144,196,256]
```

上述列表推导式表示的含义为依次遍历[1,2,5,7,12,13,14,16]列表中每一个数据元素,每访问其中一个数据元素,则判断它是否为偶数。若是,则求其平方值,放入新列表中;否则,不作任何操作,继续下一次循环。当循环结束时,新列表生成,共包含了 4 个元素。

列表推导式在许多场合中都有所应用,下面将逐一介绍。

(1)实现嵌套列表的平铺

在实际应用中,通常会通过列表的嵌套来表示一个二维矩阵,此时访问该矩阵中的每一个数据元素,并将其放入一个新列表中,该如何呢? 多数情况下会使用双重 for 循环来实现,其代码如下:

```
>>> matrix =[[1,12,23],[24,15,6],[17,18,19]]
>>> result =[]
```

```
>>> for elem1 in matrix：
      for elem2 in elem1：
          result. append( elem2)
>>> result
[1,12,23,24,15,6,17,18,19]
```

观察发现,代码有些复杂。其实,可采用列表推导式来实现。具体代码如下:

```
>>> matrix =[[1,12,23],[24,15,6],[17,18,19]]
>>> result =[elem2 for elem1 in matrix for elem2 in elem1]
>>> result
[1,12,23,24,15,6,17,18,19]
```

在这里第一个 for 循环相当于外层循环,第二个 for 循环相当于内层循环。

(2)筛选符合条件的数据元素

在列表推导式结构中的 for 语句后面可增加一个 if 语句,以实现对序列中的元素进行条件筛选。一般会将表达式作用于符合条件的元素产生结果,并成为新列表中的元素。例如,可使用列表推导式筛选列表中的长度为 3 的字符串,代码如下:

```
>>> list1 =['11', '212', '123', '222', '3333']
>>> result =[elem1 for elem1 in list1 if len( elem1)==1]
>>> result
['212', '123', '222']
```

(3)同时遍历多个序列或可迭代对象

使用列表推导式能够同时访问多个序列或可迭代对象中的元素,并利用这些元素构造新的数据元素,从而形成新列表。下面代码展示了具体使用方法。

```
>>> list2 =['11', '22', '33', '44', '55']
>>> list3 =['aa', 'bb', 'cc', 'dd', 'ee']
>>> result =[elem2+elem3 for elem2 in list2 if int( elem2)%2==0 for elem3 in list3]
>>> result
['22aa', '22bb', '22cc', '22dd', '22ee', '44aa', '44bb', '44cc', '44dd', '44ee']
```

在上述列表推导式里,第一个 for 循环被当成外层循环,第二个 for 循环被当成内层循环。

(4)实现矩阵转置

对给定的矩阵,可使用列表推导式完成矩阵的转置功能,代码非常简洁,也较易读懂。具体代码如下:

```
>>> list4 =[['11', '22', '33'],['222', '333', '444']]
>>> result =[[j[i] for j in list4]for i in range(3)]
```

>>> result
```
[['11', '222'],['22', '333'],['33', '444']]

通过上述代码,可实现将一个2行3列的矩阵转置为3行2列的矩阵。

**(5)列表推导式中使用函数或复杂表达式**

列表推导式结构中的表达式可简单可复杂,有时还可使用函数。具体代码如下:
```
>>> def fun(p):
...   return p.strip()
...
>>> result = [fun(item) for item in ['wewe',' df ','ef ',' dv']]   #将列表中每个字符串
```
的空格给去除掉
```
>>> result
```
['wewe', 'df', 'ef', 'dv']
```
>>> list = [item%3 == 0 or item%5 == 0 for item in [12,14,15,21,24,25,27,28]]
>>> list
```
[True, False, True, True, True, True, True, False]

## 2.5.2 元 组

Python列表具有强大的功能,但却有较重的负担,一定程度上降低了程序的运行效率。此时,可使用一种轻量级的列表,即元组。元组与列表类似,都是有序序列,支持正、负向索引以及切片操作,但不可对列表中的元素进行添加、修改和删除等操作。形式上,元组将多个数据元素放置于小括号内,且每一个元素以逗号分隔开,若只有一个元素时,第一个元素后面也需要加一个逗号。

### 1)创建元组

对给定的一系列数值,若要对其中的内容进行遍历,而不进行修改等变动操作,则可考虑使用元组来存储数据。创建元组很简单,这里介绍两种方式:一是只需要在括号中添加元素,并使用逗号隔开,然后直接赋值给变量即可;二是使用tuple()将字符串,列表等其他可迭代对象转换为元组。例如:
```
>>> tup1 = ('physics', 'chemistry',1997,2000)
>>> tup1
('physics', 'chemistry',1997,2000)
>>> tup2 = (1,2,3,4,5)
>>> tup2
(1,2,3,4,5)
>>> tup3 = ()   #创建空元组
>>> tup3
```
```

```
( )
>>> tup4 = (50,)    #元组中只包含一个元素时,需要在元素后面添加逗号
>>> tup4
(50,)
>>> tup5 = tuple( )
>>> tup5
( )
>>> tup6 = tuple('chemistry')    #将字符串转换为元组
>>> tup6
('c', 'h', 'e', 'm', 'i', 's', 't', 'r', 'y')
```

2)删除元组

可使用 del 命令删除元组,仅将整个元组删除掉,但却不可删除元组中的单个数据元素。例如:

```
>>> tup = ('p', 'y', 't', 'h', 'o', 'n')
>>> del tup
>>> tup    #元组删除成功后,便不能再被访问
Traceback (most recent call last):
File "<stdin>", line 1, in <module>
NameError: name 'tup' is not defined
```

3)访问元组

元组与字符串类似,下标索引从 0 开始。可使用下标索引来访问元组中的单个元素,也可使用切片来访问元组中的部分元素。具体代码如下:

```
>>> tup1 = ('physics', 'chemistry',1997,2000)
>>> tup1[0]
'physics'
>>> tup1[-2]
1997
>>> tup1[1:4]
('chemistry',1997,2000)
>>> tup1[::-1]
(2000,1997, 'chemistry', 'physics')
```

4)生成器推导式

通过列表推导式可快速创建符合特定需求的列表,然而内存空间有限,列表中容纳的数据量较多时,会占据很大的存储空间。若仅访问列表中的前面若干个数据元素,那么,存储

空间就会被极大地浪费。有没有一种办法，使得需要数据时，再临时产生数据呢？此时，可采用一边循环一边计算后续数据元素的机制，这就是生成器，即 generater。

下面将介绍一种产生生成器的方式，即生成器推导式。生成器推导式是在列表推导式的基础上，将方括号[ ]变成了小括号( )；而列表推导式的结果就是一个生成器，只在需要使用时才生成数据，占据空间较少，非常适合处理大数据的场合。

通过将生成器对象转换为列表或元组形式，用户可访问到生成器对象中的数据元素；当然也可使用_next_( )方法，内置函数 next( )或 for 循环遍历访问生成器对象中的元素。需要注意的是，生成器对象中的元素不支持通过索引形式来访问，只能从前往后访问，已访问过的元素将不会被再次访问；若已访问完所有元素，想再次访问，就需要重新创建该生成器对象，才可再次访问。

下面代码展示了生成器推导式的使用以及访问生成器对象中的元素。

```
>>> gen = (i for i in 'Hello Python!')   #创建生成器对象
<generator object <genexpr> at 0x0000014649582D00>
>>> tuple(gen)   #将生成器对象转换为元组
('H', 'e', 'l', 'l', 'o', ' ', 'p', 'y', 't', 'h', 'o', 'n', '!')
>>> list(gen)   #已遍历完生成器对象中的所有元素，为空
[]
>>> gen = (i for i in 'Hello Python!')   #重新创建生成器对象
>>> gen._next_()   #使用_next_( )访问元素
'H'
>>> next(gen)   #使用 next( )访问元素
'e'
>>> for i in gen：   #使用 for 循环访问元素
... print(i, end="")
...
llo    python!
```

2.5.3　字　典

字典是另一种可变容器模型，且可存储任意类型对象。字典中的数据元素放置在大花括号里({ })，每一个数据元素之间以逗号分开。字典中的数据元素比较特殊，它是一个键值对(如键:值)，键和值用冒号:分隔开，二者之间存在一定的映射关系；键不可以重复，值是可以重复的；此外，还要求键必须是不可变数据类型，如整数、浮点数、复数、字符串及元组等，但不能是列表、集合和字典等可变数据类型。

与列表相似，对字典也可进行创建、删除、元素添加、修改及删除等操作。

1)创建字典

示例代码如下：

#1. 直接将字典赋值给一个变量

```
>>> dict = {'a':1, 'b':2, 'c': '3'}
>>> dict
{'a':1, 'b':2, 'c': '3'}
>>> dict = {}    #空字典
>>> dict
{}
```

#2. 使用内置类 dict 创建字典

```
>>> dict1 = dict()    #空字典
>>> print(dict1)
{}
>>> a = ['a1','a2','a3']
>>> b = [11,22,33]
>>> dict2 = dict(zip(a, b))    #根据已有数据创建字典
>>> print(dict2)
{'a1':11, 'a2':22, 'a3':33}
>>> dict3 = dict(name='Jack', age=19, sex='male')    #按照关键字形式创建字典
>>> print(dict3)
{'name':'Jack', 'age':19, 'sex':'male'}
```

2)访问字典里的元素

由于字典中的元素是无序的,因此,不能通过索引或下标形式来访问元素。然而,每一个元素的键和值是一一对应的,因此,可通过键访问其唯一对应的值。具体代码如下:

```
>>> dict4 = {'Name': 'Zara', 'Age':7, 'Class': 'First'}
>>> dict4['Name']
'Zara'
>>> dict4['Age']
7
>>> dict4['sex']    #找不到时,会报异常
Traceback (most recent call last):
File "<stdin>", line 1, in <module>
KeyError: 'sex'
```

还可使用 get() 方法来访问字典中指定键对应的值,并设置默认值,以便于找不到时,可返回默认值,而不至于抛出异常。具体代码如下:

```
>>> dict5.get('Class')
'First'
>>> dict5.get('grade','Not exists!')
```

Not exists!

使用keys()方法访问字典中所有的键,values()方法访问字典中所有的值,items()方法来访问字典中的每一个键值对信息。具体示例代码如下:

'''创建一个字典用来存储每一个学生的学号和年龄信息,并求年龄最高值,最低值以及平均值'''

```
>>> dict6 = {'001':18, '002':19, '003':18, '004':19, '005':20}
>>> dict6.keys()
dict_keys(['001', '002', '003', '004', '005'])
>>> dict6.values()
dict_values([18,19,18,19,20])
>>> max(dict6.values())
20
>>> min(dict6.values())
18
>>> sum(dict6.values())/len(dict6)
18.8
```

3)向字典中添加元素

这里介绍两种用于向列表中添加元素的方法:一是通过以指定键为下标赋值形式向字典添加新元素;另一种则是使用update()方法一次性向列表中添加另一个字典中的所有键值对,若键已存在,则表示作值修改操作。具体示例代码如下:

```
>>> dict7 = {'Name': 'mark', 'Age':19, 'Class': 'second'}
>>> dict7['id'] = "001"
>>> dict7['sex'] = "male"
>>> d = {'a':11, 'b':22, 'Age':21}
>>> dict7.update(d)    #在添加元素的同时又修改了部分数据元素
>>> dict7
{'Name': 'mark', 'Age':21, 'Class': 'second', 'id': '001', 'sex': 'male', 'a':11, 'b':22}
```

4)修改字典中的元素

修改字典中的元素也包含两种方法,与上述方法类似。具体示例代码如下:

```
>>> dict8 = {'Name': 'mark', 'Age':19, 'Class': 'second'}
>>> dict8['Name'] = "Rose"
>>> dict8['Age'] =21
>>> d = {'a':11, 'b':22, 'Class': 'four'}
>>> dict8.update(d)    #在添加元素时,若键存在,则表示要修改键所对应的值
>>> dict8
```

· 58 ·

{'Name': 'Rose', 'Age':21, 'Class': 'four', 'a':11, 'b':22}

5）删除字典元素

用 del 命令和字典内置方法-pop( )和 popitem( )，可删除字典中指定的数据元素。具体示例代码如下：

```
>>> dict9 = {'Name': 'betty', 'Age':17, 'Class': 'three', 'aa':11, 'bb':22}
>>> del dict9['Name']    #删除键是'Name'的元素
>>> dict9
{'Age':17, 'Class': 'three', 'aa':11, 'bb':22}
>>> dict9.popitem( )    #删除字典中的一个元素，并返回，若不存在，则抛出异常
('bb',22)
>>> dict9.pop('Age')    #删除字典中指定键对应的元素，并返回值
17
>>> dict9
{'Class': 'three', 'aa':11}
```

2.5.4　集　合

集合（set）是一个不包含重复元素的无序可变序列，其数据元素放置在花括号{}里，彼此间使用逗号隔开。集合中每一个数据元素必须是不可变数据类型。因此，集合中不能包含列表、字典和集合等可变类型的数据。

1）创建集合

可直接将集合赋值给变量来创建集合存储相关数据，也可通过使用 set( )函数将字符串、元组、列表等可迭代对象转换为集合形式创建集合。这里需要注意：创建一个空集合必须用 set( )而不是{}，因为{}是用来创建一个空字典。具体代码如下：

```
>>> basket = {'apple', 'orange', 'apple', 'pear', 'orange', 'banana'}
>>> basket    #非空集合
{'banana', 'apple', 'orange', 'pear'}
>>> bb = set( )    #空集合
>>> bb
set( )
>>> cc = set('apple')
>>> cc
{'e', 'p', 'a', 'l'}
>>> dd = set([1,1,2,3,4,2,3])
>>> dd
{1,2,3,4}
```

Python程序设计

2）添加元素

若向集合中添加元素,可使用集合内置方法 add() 与 update()。add() 方法一次只能向集合中添加指定新元素,若重复,则自动去重,不会报异常;而 update() 方法效率较高,一次可将另一个集合中的元素全部添加到当前集合中,并且可自动过滤掉重复元素。具体示例代码如下:

```
#使用 add()方法添加元素
>>> thisset1 = set(("Google", "Runoob", "Taobao"))
>>> thisset1.add("Facebook")
>>> thisset1
{'Google', 'Runoob', 'Taobao', 'Facebook'}
#使用 update()方法添加元素
>>> thisset2 = set(("Google", "Runoob", "Taobao"))
>>> thisset2.update({1,3})
>>> thisset2
{'Google', 'Taobao',1,3, 'Runoob'}
>>> thisset2.update([1,4],[5,6])    #自动过滤掉重复元素
>>> thisset2
{'Google', 'Taobao',1,3,4,5,6, 'Runoob'}
```

3）删除元素

若要删除集合中的元素,则可使用 pop(),remove(),discard(),clear() 方法。其中,pop() 方法会随机删除集合中的一个元素,并返回删除元素,若为空,则会抛出异常;remove() 用于删除集合中指定的数据元素,若不存在,则抛出异常;discard() 也用于删除集合中指定的数据元素,若不存在,则不会抛出异常;clear() 会删除集合中所有元素。具体示例代码如下:

```
>>> thisset3 = set(("Google", "Runoob", "Taobao", "Jingdong", "Baidu", "Dangdang"))
>>> thisset3.pop()    #删除并返回元素
'Google'
>>> thisset3.discard("Amazon")    #删除元素,不存在则不会报错
>>> thisset3
{'Taobao', 'Dangdang', 'Runoob', 'Jingdong', 'Baidu'}
>>> thisset3.remove("Taobao")
>>> thisset3
{'Dangdang', 'Runoob', 'Jingdong', 'Baidu'}
>>> thisset3.remove("Facebook")    #不存在会发生错误
Traceback (most recent call last):
File "<stdin>", line 1, in <module>
KeyError: 'Facebook'
```

```
>>> thisset3. clear()    #清空集合
>>> thisset3
set()
```

4）集合运算

可使用 2.3.1 小节所述的运算符对集合作并集、交集和差集等运算。具体操作代码如下：

```
>>>    #两个集合间的运算.
>>> a = set('abracadabra')
>>> b = set('alacazam')
>>> a
{'a', 'r', 'b', 'c', 'd'}
>>> a - b              #差集运算,求集合 a 中包含而集合 b 中不包含的元素
{'b', 'r', 'd'}
>>> a | b              #并集运算,求集合 a 或 b 中包含的所有元素
{'z', 'c', 'r', 'a', 'm', 'b', 'd', 'l'}
>>> a & b              #交集运算,求集合 a 和 b 中共同包含的元素
{'a', 'c'}
>>> a ^ b              #对称差集运算,求不同时包含于 a 和 b 的元素
{'z', 'm', 'b', 'd', 'r', 'l'}
>>> x = {11,22,33}
>>> y = {11,22,55}
>>> z = {11,22,33,44,55}
>>> x<y    #测试 x 是否为 y 的真子集
False
>>> x<=y   #测试 x 是否为 y 的子集
False
```

2.5.5　案例实战

【例 2.1】　有以下列表,按照要求实现每一个功能：

list =['betty','mark','Jack']

①计算该列表的长度并输出。

②列表中追加一个或多个元素,并输出添加后的列表。

③在指定位置插入元素。

④修改指定元素。

⑤删除指定元素。

⑥将列表的所有元素进行降序排列。

⑦输出列表中每个元素的索引号及元素内容。

例 2.1

【例2.2】 请编写程序模拟栈的基本操作,栈中主要存储学生的姓名信息。具体功能如下,适当时可制作简单的操作界面:

①入栈。

②出栈。

③栈顶元素。

④栈的长度。

⑤栈是否为空。

例2.2

【例2.3】 针对由一段简单的英文文章构成的字符串,把这个字符串分割为由单词构成的列表,统计每个单词出现的次数,按单词出现次数进行逆向排序,格式化输出数据,并统计获取最高词频的单词,最后访问某个单词出现次数以及删除某个单词。

例2.3

【例2.4】 请选择合适的数据结构来存储一个班级中多名学生的信息,如学号、姓名、年龄及成绩,求班级里学生的平均年龄,以及高于平均成绩的学生学号、姓名与年龄信息。

例2.4

【例2.5】 请编写程序创建两个集合:第一个集合中存储20个随机字符,第二个集合中有20个范围在10~20的随机整数;然后由这两个集合为数据源构造一个字典,字典中的键为第一个集合中的数据元素,与之对应的值则是第二个集合中的值。

例2.5

本章小结

本章主要介绍了Python编程语言中的基本数据类型,以及数据类型之间的转换方式;定义变量存值方式,常见的运算符与表达式;常用数据结构的基本概念与使用方法。通过实际案例,让读者理解并掌握使用数据结构存储、处理数据,以解决实际问题的方法。

练习题2

练习题2

第3章 Python 控制结构

在一个程序执行过程中,每一条语句的执行顺序都会直接影响最终结果。换句话来说,也就是程序的运行结果直接依赖于程序流程。了解了程序中每条语句的执行流程,就能控制语句的执行顺序实现所需的功能。Python 流程控制结构主要包含 3 类:顺序结构、选择结构和循环结构。顺序结构是流程控制中最简单的一种结构。它主要是按照语句的先后顺序依次执行,每条语句只执行一次。如果将选择结构与循环结构看成一个大语句,那么程序中的多条语句均是按照顺序方式执行的。

本章主要讲述选择结构与循环结构,含以下知识点:

①使用 if 语句实现单分支结构。

②使用 if-else 语句实现双分支结构。

③使用 if-elif-else 语句实现多分支结构。

④分支结构的嵌套。

⑤使用 for,while 语句实现循环结构。

⑥continue 和 break 语句的联系与区别。

⑦循环嵌套。

3.1 选择结构

选择结构常被称为分支结构,需要根据条件的判断结果来执行不同的代码分支。这里的条件是由关系运算符或逻辑运算符与操作数组合而成的表达式,也称条件表达式。当条件表达式的值不是 False、0(或 0.0,0j 等)、空值 None、空列表,空元组,空集合、空字典,以及空字符串等,均被认为与 True 等价,同时也表示条件成立,具体见第 2 章。Python 中的选择结构分为以下 4 类:单分支结构、双分支结构、多分支结构及分支结构的嵌套。

3.1.1 if 语句

单分支结构是指条件只有一种的情况,属于分支结构中最简单的一种形式,通常使用 if

语句来实现。它首先判断由关系表达式或逻辑表达式所构建的条件是否成立,然后决定执行何种操作。具体流程图如图3.1所示。

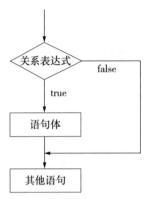

图3.1 单分支结构流程图

当关系表达式或逻辑表达式的取值为真(True)时,表示条件成立,就会执行后面的语句体;当取值为假(False)时,条件不成立,此时不会执行后面的语句体,随后单分支结构执行结束,继续按照顺序方式执行余下的其他语句。

使用 if 语句实现单分支结构的语法格式与案例见表3.1。

表3.1 单分支语法

单分支结构语法	案例:判断某人姓氏是否为"王"
if condition1 : 　statement1	name ="王华华" if name. startswith("王") : 　print("该姓氏是王。") Out:该姓氏是王。

3.1.2 if… else 语句

双分支结构是指条件有两种的情况,通常使用 if… else 语句来实现。在双分支结构中,首先判断条件成立与否,再决定执行相应的操作。具体流程图如图3.2所示。

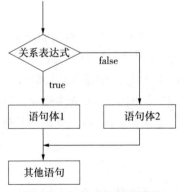

图3.2 多分支结构流程图

当关系表达式或逻辑表达式的取值为真(True)时,表示条件成立,就会执行后面的语句体1;当取值为假(False)时,条件不成立,则执行语句体2,随后继续按照顺序方式执行余下的其他语句。

使用 if-else 语句实现双分支结构的语法格式与案例见表3.2。

表3.2　双分支语法

双分支结构语法	案例:判断一个数是否整除3

if condition1:
　　statement1
else:
　　statement2
	x = 27
	if x%3 = =0:
	　　print("该数可以整除3。")
	else:
	　　print("该数不可以整除3。")
	Out:该数可以整除3。

此外,还可使用 Python 提供的三元运算符结合操作数构造条件表达式,以实现双分支结构。其语法格式:

value1 if condition else value2

判断表达式 condition 的值是否为 True。若是,则表明条件成立,整个条件表达式的结果为 value1;否则,表明条件不成立,整个条件表达式的结果为 value2。具体见下述代码求解两个数中的最大值:

A = 12
B = 20
C = A if A>B else B
print("两个数中的最大值为:", C)
程序运行结果为:
两个数中的最大值:20

3.1.3　if-elif-else 语句

多分支是指条件有多种的情况(至少3种)。由于 Python 中没有 switch-case 语句,因此,通常使用 if… elif… else 语句来实现,这里的 elif 是指 else if 的简写,也就是 if 和 else 子句的联合使用。在多分支结构中,每一种条件成立时,都会执行不同的语句体,如图3.3所示。

当条件1成立时,就会执行语句体1;否则判断条件2,条件成立时,则执行语句体2,否则判断条件3是否成立。以此类推,直到判断第 n 个条件,成立则执行语句 n,不成立时,则执行语句 $n+1$;随后继续按照顺序方式执行余下的其他语句。

使用 if-elif-else 语句实现多分支结构的语法格式与案例见表3.3。

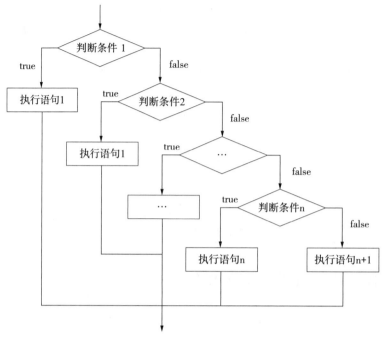

图3.3 多分支结构流程图

表3.3 多分支语法

双分支语法	案例:判断一个数的大小

if condition1:
     statement1
 elif condition2:
     statement2
     …
 elif conditionN:
     statementN
 else:
     statementN+1
	num = 20
	 if num>0:
	     print("The number is positive!")
	 elif num<0:
	     print("The number is negative!")
	 else:
	     print("The number is zero!")
	
	 Out: The number is positive!

注意: ①if 语句后面要加上英文状态下的冒号。

②实现多分支时,用 elif 代替 else if,且该语句后面也要加上英文状态下的冒号。

③最后一个分支用 else 来实现,但其后面不要加上要判定的条件。

④每一个条件成立后所执行的语句要缩进。

3.1.4 if 语句的嵌套

在实际应用中,上述 3 种 if 语句均可相互嵌套使用,实现更复杂的业务逻辑,也称 if 语句的嵌套。其语法格式如下(其中每一个分支下的 if 语句种类都可灵活变动):

```
if 表达式 1:
    语句块 1
    if 表达式 2:
        语句块 2
    elif 表达式 3:
        语句块 3
    else:
        语句块 4
elif 表达式 4:
    语句块 5
else:
    语句块 6
```

在使用 if 语句的嵌套结构时,一定要保证同一级别代码块的缩进量正确且一致,否则会改变不同代码块的从属关系,以致业务逻辑不能被正确实现,从而得不到预期结果。

下面展示两个案例,以描述 if 语句嵌套结构的使用。

【例 3.1】　判断一个数字是否能够整除 3 和 5。

```
num = int(input("请输入一个数字:"))
if num%3 == 0:
    if num%5 == 0:
        print("你输入的数字可以整除 3 和 5。")
    else:
        print("你输入的数字可以整除 3,但不能整除 5。")
else:
    if num%5 == 0:
        print("你输入的数字可以整除 5,但不能整除 3。")
    else:
        print("你输入的数字不能整除 3 和 5。")
```

程序运行结果为:

```
输入一个数字:100
你输入的数字可以整除 5,但不能整除 3。
```

【例 3.2】　判断某一个学生成绩所属的等级。

```
score = int(input("请输入一个学生在某门课程所得成绩:"))
if 0<score<100:
    print("你输入错误,分数需要在 0 ~ 100。")
else:
    if score>=90:
        print("该生成绩优秀。")
```

```
elif score>=80：
    print("该生成绩良好。")
elif score>=70：
    print("该生成绩中等。")
elif score>=60：
    print("该生成绩及格了。")
else：
    print("该生成绩不及格。")
```

程序运行结果为：

请输入一个学生在某门课程所得成绩：85

该生成绩良好。

3.1.5 案例实战

【例3.3】 如果一个数是四位数,且各个位置上数的4次方总和为该数本身,则将其称为玫瑰花数。请利用所学的选择结构来判断一个数字是否为玫瑰花数。

```
number=input("请输入一个整数:")
if number.length！=4：
    print("错误,请输入一个四位数。")
else：
    a,b,c,d=map(int,number)    #分离出四位数上的每一个数字
    s=math.pow(a,4)+math.pow(b,4)+math.pow(c,4)+math.pow(d,4)
    if s==int(number)：
        print("该数是一个玫瑰花数。")
    else：
        print("该数不是一个玫瑰花数。")
```

程序运行结果为：

请输入一个整数：1111

该数不是一个玫瑰花数。

【例3.4】 输入一个人的年龄,判断其所属的年龄段。

```
age=int(input("请输入一个人的年龄:"))
if age>=1&&age<=6：
    print("幼儿")
elif age>=7&&age<=13：
    print("儿童")
elif age>=14&&age<=19：
    print("少年")
elif age>=20&&age<=39：
```

```
    print("青年")
elif age>=40&&age<=59:
    print("中年")
else:
    print("老年")
```

程序运行结果为:

```
请输入一个人的年龄:30
青年
```

3.2　循环结构

当满足某种条件,需要重复执行某语句块,直到条件不成立为止时,就需要采用循环结构了。Python 中主要包含两类循环结构:while 循环和 for 循环。不同形式的循环可相互嵌套,同时还可与选择结构嵌套使用,以实现更复杂的业务逻辑。循环结构流程图如图 3.4 所示。

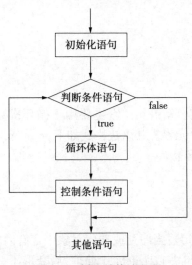

图 3.4　循环结构流程图

在循环结构中,首先初始化循环变量;然后判断条件,若条件不成立,循环结束,执行余下语句,否则执行循环体的内容;最后控制条件,继续判断条件是否成立。重复上述步骤直到条件不成立,循环到此结束。

3.2.1　while 语句

一般使用 while 语句来实现 while 循环结构。它主要用于循环次数未知的情形。其语法格式如下:

while 条件表达式:

　　语句块 1　#循环体

［else:

　　语句块 2］

第一种情形(不加 else 子句):当条件表达式为 True 时,循环条件成立,此时会执行循环体内的语句块 1;否则,则循环终止。

第二种情形(加 else 子句):当条件表达式为 True 时,循环条件成立,此时会执行循环体内的语句块 1;否则,则直接执行 else 中的语句块 2。当循环正常结束时,会执行 else 中的语句块 2,但若是因执行了 break 语句导致循环提前结束,则不会执行 else 中的语句块 2。

【例 3.5】　使用 while 循环统计 200 以内所有能同时整除 2 和 3 的整数之和。

```
sum =0
x =1    #循环变量初始化
while x<=200:   #循环条件
    if x%2==0 and x%3==0:    #循环体包含 if 单分支语句和赋值语句
        sum+=x
    x+=1
else:
    print(sum)
```

程序运行结果为:

　　3366

3.2.2　for 语句

for 循环结构的实现依赖于 for 语句。它主要用于循环次数确定的情形,特别适合用于枚举或遍历序列或迭代对象中元素。其语法格式如下:

for item in 序列或迭代对象:

　　语句块 1　#循环体

［else:

　　语句块 2］

第一种情形(不加 else 子句):当序列或迭代对象中含有内容时,先取出第一个元素放入 item 中,再执行循环体内的语句块 1 对 item 作处理,后获取下一个元素,直到序列或迭代对象的元素遍历完,循环自然终止。

第二种情形(加 else 子句):与第一种情形类似,依次遍历序列或迭代对象中的数据元素。不同的是当序列或迭代对象的元素遍历完时,会执行 else 结构中的语句,但若是因执行了 break 语句导致循环提前结束,则不会执行 else 中的语句。

【例 3.6】　使用 for 循环统计 200 以内所有能同时整除 2 和 3 的整数之和。

```
sum =0   #统计总和
for item in range(1,201):  #遍历 200 以内的每一个整数
    if item%2==0 and item%3==0:   #当前数可同时整除 2 和 3
```

```
    sum+=item    #累加求和
else：
    print(sum)
```
程序运行结果为：
```
    3366
```

3.2.3　continue 和 break 语句

一般来说,只要满足某种条件,循环会一直执行,直到条件不成立或序列元素遍历完时结束。但是,有时可能会提前中断一个循环而进行新的迭代,或仅仅就是想结束整个循环。此时,就需要将循环结构与 continue，break 语句结合使用来实现了。

若要提前结束整个循环,可使用 break 语句。假设当前需要寻找 100 以内的最大平方数(如一个数是某个数的平方,则称平方数),那么程序可开始从 100 向下迭代到 0。当找到一个平方数时,就不需要继续循环了,便可使用 break 语句来结束整个循环。

```
from math import sqrt
for n in range(99,0, -1)：
    root =int(sqrt(n))
    if n == root * root： #判断当前数 n 是否为平方数
        print(n)
        break
```

如果执行这个程序,就会打印出 81,然后程序停止。注意：上面代码中 range 函数增加了第三个参数,表示步长,步长表示每对相邻数字之间的差别。若将其设置为负值,就会朝着负方向迭代。

若要提前结束当前循环,直接"跳"到下一轮循环开始,则可使用 continue 语句。假设现在想统计 100 以内除去前 6 个偶数之外的其余偶数总和,可采用以下编码方案：

```
s=0    #统计偶数个数
sum=0   #统计偶数总和
for n in range(1,101)：
    if n%2==0：
        s=s+n
        if s<=6：
            continue    #忽略掉前 6 个偶数,不参与求和运算中
        sum=sum+n
else：
    print(sum)
```
程序运行结果为：
```
    2544
```

3.2.4　循环嵌套

有时会将多个 for 循环和 while 循环进行嵌套使用,这就构成了循环嵌套。在循环嵌套

Python程序设计

里,一个循环体中包裹着另一个循环体,最外层的循环体为外层循环,里面的循环体为内层循环。循环中的嵌套分为多层,一般以 2~3 层较为常见。

【例 3.7】 求解 1 个矩阵中所有元素的总乘积。

```
a=[[1,2,3],[4,5,6]]
s=1    #统计总乘积
for i in a:  #外层循环,用于遍历矩阵 a 中的每一行
    for j in i:  #内层循环,用于遍历当前行所示列表中的每一个数据元素
        s=s*j
print(s)
```

程序运行结果为:

720

【例 3.8】 打印下面的图案。

```
*
* * *
* * * * *
* * * * * * *
* * * * *
* * *
*
```

```
for i in range(1,8,2):  #输出上半行的图案
    for j in range(i):
        print("*", end="")
    print()  #换行
for i in range(5,0, -2):  #输出下半行的图案
    for j in range(i):
        print("*", end="")
    print()  #换行
```

3.2.5 案例实战

【例 3.9】 请使用本节所学知识编写程序实现以下基本操作:

①生成一个包含 50 个元素的列表,其中每一个元素为 1~100 的随机整数,代表一个人的年龄。

②计算这 50 个人中最大年龄值、最小年龄值和平均年龄。

③对 50 个人的年龄进行降序排列,并输出显示。

例 3.9

【例 3.10】 求解 300 以内的素数之和。

【例 3.11】 输入若干个字符串,代表学生的姓名,寻找所有姓氏为"刘"的学生姓名。每输入一个名字后询问是否继续输入下一个名字,回答"y"就继续输入下一个名字;回答"n"则停止输入。

例 3.10

例 3.11

例 3.12

【例 3.12】　模拟系统管理员登录系统管理会员信息的功能。

①后台管理员只有一个,用户名:admin,密码:admin。

②管理员登录系统成功后,才能管理会员信息,每一个会员包含用户名和密码信息(可用字典存储),若登录失败,则提示"输入信息有误!"。

③管理会员信息包含以下操作:添加会员信息,查看会员信息,以及删除会员信息与退出等。

本章小结

本章主要介绍了 Python 中如何使用 if 语句、if-else 语句和 if-elif-else 语句实现单分支结构、双分支结构、多分支结构与 if 语句的嵌套;使用 while 语句与 for 语句实现循环结构及循环结构的嵌套,循环结构中 continue 语句,以及 break 语句的用法。通过实际案例,让读者熟练掌握综合运用分支结构与选择结构来实现复杂的业务逻辑。

练习题 3

练习题 3

第4章　Python 函数、模块的设计与使用

在应用程序开发中,经常需要在多处代码中实现完全相同或相似的功能,仅是处理的数据有所不同。如果在每个地方都重复编写相应代码,这些冗余代码的存在不仅会增加程序的代码量,而且也使得程序阅读性、可维护性变得较差,不利于进行代码测试与纠错。此时,可使用函数来解决这一问题。函数就是将一段代码封装起来,可在需要使用的地方通过函数名来直接调用,而不需要重复编写这些代码。通过使用函数,可极大地减少冗余代码,提高代码重复利用率与程序的模块化,进而提升编程效率。

当程序要实现的功能较多、整体规模较大时,将所有代码写在一个程序文件里,不利于代码的阅读与维护。此时,可采用模块化程序设计方法来设计这类复杂的程序。在 Python 中,可将相关联的程序代码有逻辑地组织存放在一个扩展名为 .py 的文件里(称为模块)。这样,就可把一个大的 Python 程序划分为多个彼此相互独立而又有交互的代码片段,分别保存在不同的模块文件中。通过不同模块之间的相互引用,使部分代码(如函数、类等)得到重复利用,进一步提高代码的重用性与模块化。

有了函数与模块,便可有效地组织、管理庞大程序中的代码,不仅能进一步增强程序代码的阅读性与维护性,也使程序中代码的利用率得到较大提升,减少程序员的编码工作量,提高工作效率。

本章将学习 Python 中函数与模块的设计与使用,主要讲述以下知识点:

1)**自定义函数**

如何自定义所需的函数,并调用该函数。

2)**函数的参数**

简介函数的形式参数与实际参数,函数调用时实参与形参之间的传递形式,几种函数参数的类型(位置参数、默认值参数、关键字参数、可变参数及传递参数时的序列解包),全局变量与局部变量的联系与区别。

3)**嵌套函数、闭包与递归函数**

阐述嵌套函数、闭包与递归函数的基本含义、定义以及使用方法。

4）Lambda 表达式与匿名函数

简介如何使用 Lambda 表达式定义匿名函数,以及匿名函数使用方法。

5）常用内置函数

掌握常见内置函数的使用,如 I/O 函数、数学运算函数、字符串函数及序列操作函数等。

6）模块与包

简介模块与包的基本概念,如何进行模块的自定义与使用,如何使用常用标准模块,以及如何创建与使用包。

4.1　自定义函数

与 C 程序设计语言、Java 程序设计语言类似,Python 中的函数也分为标准库函数和自定义函数两大类。其中,标准库函数是已经定义好了的函数,且放在模块里供用户直接使用的,而自定义函数则需用户根据实际问题的要求自己去定义函数,然后才能使用。

4.1.1　函数的定义

函数需要遵循"先定义,后使用"的规则。在 Python 中定义函数的基本语法格式:
def 函数名(参数 1,参数 2, …,参数 n):
　"注释"
　函数体
说明:
①使用 def 关键字来定义一个函数,且无须指明函数的返回值类型。
②def 关键字后面是一个空格和函数名称,随后跟着一对小圆括号。其中,函数名字需要用户自定义,但要符合标识符命名规则;小圆括号里是参数列表,可以是 0 个或多个,且这些参数不用指明数据类型。
③小圆括号后面是一个冒号和换行,随后是注释与函数体。注释用于描述函数的功能,函数体则是为实现函数功能而编写的具体代码,需要与 def 保持一定的空格缩进。
④通常会在函数体内任意处放置一个形如"return 返回值"的 return 语句,表示函数调用执行到此结束。其中,关键字 return 后面的返回值一般是表达式或具体的值。通过 return 语句可获取函数的返回值。在函数体内可以有 return 语句,也可以没有。如果有 return 语句,并得到了执行,可获取函数返回的一个或多个值;如果无 return 语句,或 return 后面为空,再或是 return 语句未被执行,则表示函数返回 None。

下面在 fun. py 中定义了 4 个函数：

```python
def getInfo1():    #不需传递参数
    "输出显示一个字符串"
    print('function1')    #无 return 语句,不需返回值


def getInfo2():    #不需传递参数
    "输出显示一些字符信息"
    str = "function2"
    for ch in str：
        print(ch)
    return    #return 后无内容,不需返回值


def getArea(a, b, h)：    #需传递 3 个参数
"a, b,h 分别表示梯形的上底、下底和高,求梯形的面积"
    s = (a+b)/2.0 * h
    return s    #返回一个值,即 s 的值


def getElements(x, y, z)：    #需传递 3 个参数
"返回一个由 x, y,z 组成的元组"
    return (x, y, z)    #返回多个值
```

这里需注意,当通过 return 语句返回多个值时,会以序列打包方式将多个值装进一个序列中。例如,采用小圆括号将要返回的多个值包裹起来形成一个元组,从而间接地实现函数返回多个值的功能。此外,可将 return (x, y, z)替换成 return x, y, z,两者是等效的。

4.1.2 函数的调用

在函数定义后,就可通过调用来使用函数的功能。函数调用的语法格式：

函数名(参数 1,参数 2,…,参数 n)

函数调用时,给定的参数个数与数据类型需要与函数定义时的参数保持一致。如果函数的参数列表中无参数,则调用这样的函数时函数名后面的小括号不可忽略。根据函数返回值的个数,函数调用分为无返回值函数调用、单个返回值函数调用和多个返回值函数调用。

①对无返回值函数调用,可直接使用"函数名(参数列表)"形式进行函数调用。

②对单个返回值函数调用,既可使用 print()输出显示函数的返回值,也可将函数的返回值赋值给某个变量。例如,s = 函数名(参数 1,参数 2,…,参数 n),以便在后续的语句中反复使用该返回值。

③对多个返回值函数调用,可使用序列解包的方式,将函数返回的多个值分别放入对应的变量中。

下面 fun. py 里的代码展示了上述定义的 4 个函数的调用过程：

```
#调用无返回值的函数 getInfo1( )
getInfo1( )
#调用无返回值的函数 getInfo2( )
getInfo2( )
#调用单个返回值的函数 getArea(a, b,h)
s=getArea(2,4,3)　#定义 1 个变量存储函数的返回值
print("该梯形的面积为:", s)
#输出显示函数的返回值
print("该梯形的面积为:", getArea(4,4,6))
#调用多个返回值的函数 getElements(x, y, z)
a, b, c=getElements(11,22,33)　#定义多个变量存储函数的返回值
print("a, b, c 的值为:", a, b, c)
```

程序运行结果为:

```
function1
f
u
n
c
t
i
o
n
2
```

该梯形的面积:9.0

该梯形的面积:24.0

a, b, c 的值:11,22,33

　　上述程序运行结果是如何得出的呢? 这里需要了解函数调用过程是如何执行的。通常将调用函数的程序称为调用者(如 fun. py 中的程序),被调用的函数则称为被调用者。当在 fun. py 中的程序里调用 getInfo1( )时,程序的控制权就会被转移到 getInfo1( )函数,随后进入函数内部,执行里面的代码,直到函数结束,输出结果"function 1";此时,程序的控制权会被交还给调用者。然后执行 fun. py 中 getInfo1( )语句的下一条语句"getInfo2( )",并进入该函数内部,直到遇到 return 语句后,函数调用结束,输出对应结果;此时,会继续执行 getInfo2( )语句的下一条语句"s=getArea(2,4,3)",进入函数内部执行代码,直到遇到 return 表达式后,函数调用结束,返回值为 9. 0,由变量 s 接收存储。最后执行余下的代码,就得到了相应的输出结果。

　　在函数调用过程中,关于 return 语句的执行,除以上描述的几种情形外,还有一种特殊的情况。当 return 语句位于函数体内的 if 语句中时,如果 if 语句中的条件不成立,那么该语句不会被执行;否则,该语句被执行,但是在其后的语句将不会被执行。具体代码如下:

```
#求一个整数的绝对值
def abs(x):
  if(x<0):
    return -x
  else:
    pass
```

在上述代码中,如果 x<0,则代码中的 return 语句将不会被执行,否则执行 return 语句后,函数就结束了,其后的内容也将不再被执行。

4.2 函数的参数

在定义函数与调用函数时,函数名后的小括号里都给定了一个参数列表,参数可以有 0 个或多个,这两处的参数列表有何不同呢? 在函数调用时,该给定什么类型的参数,又如何将这些参数传递出去呢? 函数内部与外部都可以定义变量,那这些变量起作用的范围是怎样的呢? 接下来,将介绍函数的形参与实参,函数参数的传递形式,几种常见的函数参数类型,以及变量的作用域等知识点。

4.2.1 函数的形参和实参

在函数定义时,函数名后小括号里包含了一个参数列表,这些参数均以变量的形式给出,并以逗号隔开,且不指明数据类型,相互之间具有一定的顺序。通常将这些在函数定义时给定的参数,称为形式参数,简称形参。一个函数的形参可以有 0 个,也可以有 1 个或多个。

在函数调用时,函数名后小括号里也包含了一个参数列表,这些参数以具体数值或变量的形式给出,也以逗号隔开。通常将在函数调用时给定的参数称为实际参数,简称实参。一个函数的实参也可以有 0 个,1 个或多个。

例如,下面的代码解释了函数的形参与实参。

```
def sum(a, b, c):   #需传 3 个参数
  "求 3 个数的和"
  return (a+b+c)   # return a+b+c 的值
print("三个数的求和结果为:", sum(8,9,10))
```

在定义函数 sum() 时,小括号里给定的参数列表 a, b, c 就是函数的形参,没有指定形参所接收的数据类型,也就是说可接收任意类型的数据;在调用函数 sum() 时,小括号里给定的参数列表 8,9,10 就是函数的实参,均是具体的值,且个数与函数实参的个数保持一致。这些实参会传递给形参,解释器会根据实参的数据类型自动判断形参的数据类型。因此,可以获悉形参的数据类型为整型。

4.2.2　函数参数的传递

在 C,Java 等编程语言中,函数实参到形参的传递均有两种形式,即值传递和引用传递。但在 Python 中,由于变量存储的并不是值,而是该值的引用。因此,函数实参到形参的传递均是传递的引用,并不存在值传递形式。

在函数调用时,传递给形参的实参一般包含两类数据类型:可变类型和不可变类型。如果传递的实参类型为不可变类型,如数字、字符串与元组等,那么在函数内部对形参的值进行修改,并不会影响实参。然而,如果传递的实参类型为可变类型,如列表、集合、字典或其他自定义的可变序列等,那么在函数内部修改形参,实参也会随之产生相应的变化。

【例 4.1】　定义一个函数,函数调用时,传递的实参为不可变类型。

```
def subOne(a)：  #需传 1 个参数
  "求 1 个数减去 1 后的结果"
  a=a-1
  return a
b=6
print("1 个数减去 1 后的结果为:", subOne(b))
print("变量 b 的值为:", b)
```

程序运行结果为:

```
1 个数减去 1 后的结果为:5
变量 b 的值为:6
```

调用函数 subOne(b)时,传递的参数 b 为整数,是一个不可变类型,故在函数内部修改形参 a 的值,并不会影响实参 b 的值。因此,输出显示 b 时,其值不变仍是 6。

【例 4.2】　定义一个函数,函数调用时,传递的实参为可变类型。

```
def appendElem(seq)：  #需传 1 个参数
  "向列表中加入新元素"
  seq.append(['d','e','f'])
  seq[1]='good'   #修改列表中第二个位置上的内容为 'good'
  print(seq)
b=['a','b','c']
print("列表中添加元素后的结果为:")
appendElem(b)
print("变量 b 的值为:", b)
print(b)
```

程序运行结果为:

```
列表中添加元素后的结果：
  ['a', 'good', 'c',['d', 'e', 'f']]
  变量 b 的值:
```

['a', 'good', 'c', ['d', 'e', 'f']]

调用函数 appendElem(b)时,传递的参数 b 为列表,是一个可变类型,故在函数内部修改形参 seq 的值,也会影响实参 b 的值,此时实参 b 的值与形参 seq 的值是一样的。因此,输出显示 b 时,其值是形参 seq 变化后的值。

4.2.3 函数参数的类型

在 C 和 Java 等编程语言中,函数调用要求较严格。用户需要严格按照函数定义时的参数个数、顺序、数据类型传递实参,否则会出现错误。但在 Python 编程语言中,无论是函数定义还是函数调用,形式多样化,十分灵活。函数参数类型主要有以下几类:位置参数、默认值参数、关键字参数、可变参数及序列解包参数等。其中,关键字参数、序列解包参数指的是函数调用时传递的实参类型,其余则是指函数定义时给定的形式参数类型。

1)位置参数

位置参数也称必选参数,是一种常用的形式参数类型。当调用位置参数形式的函数时,需按照形式参数的顺序依次为其传递对应的实参,且保证形参个数与实参个数的一致性。

下面列举一个示例,展示如何定义与调用形参为位置参数的函数。

【例 4.3】 定义一个含位置参数的函数,并进行调用。

def positionFun(r, h): #需传两个参数,r, h 分别为圆柱体的底圆半径与高

　　"求圆柱体的体积"

　　area = 3.14 * r * r * h

　　return area

print("圆柱体的体积为:", positionFun(10,20))

程序运行结果为:

　　圆柱体的体积:6280.0

在调用函数 positionFun(10,20)时,按顺序依次为形参 r, h 传递了两个实参,分别是 10, 20,顺序不能颠倒,否则程序运行结果就不对了。

2)默认值参数

在函数定义时,允许给形参提供默认值,这样在函数调用时,就可不用向含有默认值的参数提供实参了;如果向该形参提供了实参,则会替换掉默认值。此外,还需要注意一点,默认值参数后面不能再出现无默认值的位置参数,否则会提示出现语法错误。定义一个带有默认值参数的函数需要遵循以下语法格式:

　　def 函数名(...,形参名=默认值)

【例 4.4】 定义一个含默认值参数的函数,并进行调用。

def defaultFun(s, h=20): # h 是默认参数,默认初值为 20

"需传 2 个参数,r, h 分别为三角形的底与高,求三角形的面积"

　　area = s * h * 0.5

```
        return area
print("三角形的面积:", defaultFun(10))
print("三角形的面积:", defaultFun(10,30))
```
程序运行结果为:

    三角形的面积:100.0

    三角形的面积:150.0

在调用函数 defaultFun(10)时,仅为第一个形参 s 传递了参数值 10,而第二个形参 h 就采用默认值 20,故函数返回值为 100.0;而在调用函数 defaultFun(10,30)时,为第一个参数 s 传递了参数值 10,第二个参数也传递了参数值 30,此时就不再使用默认值参数了,故最终得到的函数返回值为 150.0。

3)关键字参数

前面讲到的几种参数类型,在函数调用时,均是严格按照位置匹配的原则,即从左到右,依次将实参传递给形参。这就要求用户使用函数时必须熟记参数的位置,因而存在诸多不便。为了避免这种麻烦,Python 提供了关键字参数,使用户可通过参数名匹配的形式进行实参向形参的传递,而不必记忆参数的位置。有了关键字参数,在函数调用时,能按照参数的名字传递实参,实参顺序可不与形参顺序保持一致,使函数调用与参数传递变得更加灵活。

【例 4.5】 定义一个含关键字参数的函数,并进行调用。

```
def keyFun(x, y, z):
    return x * 100+y * 10+z
print("第一次调用函数结果:",keyFun(x=7, y=8, z=9))
print("第二次调用函数结果:",keyFun(y=8, x=7, z=9))
print("第三次调用函数结果:",keyFun(z=9, x=7, y=8))
```
程序运行结果为:

    第一次调用函数结果:789

    第二次调用函数结果:789

    第三次调用函数结果:789

观察发现,3 次调用函数 keyFun(x, y,z)时,均是按照参数的名字来指定待传递的实参值,但相互之间的顺序可以是任意的。无论是哪种顺序,最终形参 x 接收的实参值为 7,形参 y 接收的实参值为 8,形参 z 接收的实参值为 9。因此,可看到函数调用后返回值都是 789。

4)可变参数

有时在定义函数时,并不清楚需要指定多少个形参,但却希望在函数调用时能处理更多的参数。此时,可采用可变参数。在定义含有可变参数的函数时,可变参数的表现形式主要有 * param 与 ** param 两种形式。其中, * param 表示在参数名前面加一个星号,在函数调用时,该可变参数就可接收多个实参,并将其装进一个元组中;** param 则表示在参数名前面加两个星号,在函数调用时(实参需以关键字参数形式给出),该可变参数也可接收多个实

参,但是会将其装进一个字典中。

定义一个含可变参数的函数需要遵循下面的两种语法格式。

第一种语法格式:

def 函数名([形参1,…], ∗param):

"注释"

函数体

【例4.6】 按照第一种语法格式定义一个含可变参数的函数,并进行调用。

defvarFun1(arg1, ∗args): #arg1 为普通参数,args 为可变参数

print("输出参数1:", arg1)

print("输出参数2:", args)

for elem in args:

print(elem)

return

varFun1("normal parameter")

varFun1("It", "sounds", "greatly","!")

程序运行结果为:

输出参数1: normal parameter

输出参数2:

输出参数1: It

输出参数2: ('sounds', 'greatly', '!')

sounds

greatly

!

在函数 varFun1(arg1, ∗args)中,arg1 为普通参数,args 为可变参数。第一次调用该函数时,只传递了一个实参-"normal parameter",此时会将其赋值给普通参数 arg1,args 则为空;当第二次调用该函数时,传递的参数有多个,此时,会将第一个实参传给普通参数 arg1,剩余的实参组合一起存放在一个元组中,然后赋值给可变参数 args,最终可看到 args 的输出结果显示为一个元组,内含3个元素,还可遍历访问元组中的每一个元素内容。

第二种语法格式:

def 函数名([形参1,…], ∗∗param):

"注释"

函数体

【例4.7】 按照第二种语法格式定义一个含可变参数的函数,并进行调用。

defvarFun2(arg1, ∗args):

print("输出参数1:", arg1)

print("输出参数2:", args)

```
        for elem in args. items( ):
            print( elem)
        return
varFun1("normal parameter")
varFun1("It", a = "sounds", b =" greatly", c ="!")
```
程序运行结果为:

　　输出参数 1: normal parameter

　　输出参数 2: {}

　　输出参数 1: It

　　输出参数 2: {'a': 'sounds', 'b': 'greatly', 'c': '!'}

　　('a', 'sounds')

　　('b', 'greatly')

　　('c', '!')

　　第一次调用函数 varFun2(arg1, ∗ ∗ args)时,只传递了一个实参-"normal parameter",此时会将其赋值给普通参数 arg1,args 则为空;当第二次调用该函数时,传递的参数有多个,除第一个实参外,其余参数均以键值对的形式给定。此时,会将第一个实参传给普通参数 arg1,剩余的实参组合一起存放在一个字典中,然后赋值给可变参数 args,最终可看到 args 的输出结果显示为一个字典,内含 3 个元素,还可遍历访问字典中的每一个元素内容。

5)序列解包参数

　　序列解包参数指的是函数调用时所传递的实参类型,与函数定义无关联。该参数一般有 ∗ param 与 ∗∗ param 两种形式,即函数调用时在给定实参名称前添加一个或两个星号。通常使用序列解包参数的函数是一个含有多个位置参数的函数。当调用一个含位置参数的函数时,可以为其传递序列作为实参,并在实参名前加上 1 个或 2 个星号。这些序列主要有 Python 列表、元组、集合、字典以及其他可迭代对象等。在具体执行时,Python 解释器会先自动对这些序列数据进行解包,形成多个数据元素,再将其逐个传递给各个位置参数。

　　为了方便读者更好地理解序列解包参数的使用,这里简介序列打包与序列解包的概念。

　　一般将创建列表、元组、集合、字典以及其他可迭代对象的过程,称为序列打包。通过序列打包操作,可将一些数值包装进序列中;反之,也可将序列解开,形成多个数值放入对应变量中,这个过程则被称为序列解包。

　　下面的代码展示了各种序列的解包操作过程。

　　#使用序列解包解开一个含有 4 个数据元素的元组,并将形成的 4 个值依次赋给对应的 4 个变量

```
>>> a, b, c, d =('aa','bb','cc','dd')
>>> print( a, b, c, d)
    aa  bb  cc  dd
```
#注意,变量的个数需与元组中元素个数保持一致

```
#使用序列解包解开一个含有 3 个数据元素的列表
>>> x, y, z=['aa',22, True]
>>> print(x, y, z)
    aa   22   True
#使用序列解包解开 1 个含有 3 个数据元素的元组
>>> m, n, l={11,22,33}
>>> print(m, n, l)
    11   22   33
#使用序列解包解开 1 个含有 3 个数据元素的字典
>>> x1, y1, z1={'a':11, 'b':22, 'c':33}
>>> print(x1, y1, z1)
    a   b   c
#注意,对字典进行解包时,默认是对字典的键进行解包操作
#通过字典对象的 items() 对字典中的数据元素进行解包
>>> x2, y2, z2={'a':11,'b':22,'c':33}.items()
>>> print(x1, y1, z1)
    ('a',11)   ('b',22)   ('c',33)
```

【例 4.8】 编写一个简单的函数,然后在函数调用时,向其传递列表、元组、集合及字典等序列作为序列解包参数,观察函数调用结果。

```
>>> def fun(p, q, r):   #3 个位置参数
        print((p+q)*r-10)
>>> list1=[10,20,3]
>>> fun(*list1)   #对列表进行解包
    80
>>> tup1=[10,10,4]
>>> fun(*tup1)   #对元组进行解包
    70
>>> set1={20,30,5}
>>> fun(*set1)   #对集合进行解包
    240
>>> dict1={'1':10,'2':20,'3':4}
>>> fun(*dict1)   #对字典的键进行解包
Traceback (most recent call last):
    File "<stdin>", line 1, in <module>
    File "<stdin>", line 2, in fun
TypeError:can't multiply sequence by non-int of type 'str'
```

#由于字典的键为一个字符串类型的数据,无法对其进行四则运算。因此,程序运行结

果就报错了

```
>>> fun( * dict1. values( ) )    #对字典的值进行解包
    110
```

#由于字典的值为一个整数类型的数据,可对其进行四则运算。因此,程序运行正常

观察上述案例中,发现对字典进行解包操作还是有些麻烦,稍不留意就会出现错误。因此,当实参为字典,可采用实参名前加两个星号的形式对字典进行解包操作。此时,需要确保字典中的所有键必须是函数定义时指定的形参名字,或是能与两个星号的可变参数相对应。这样,就可将字典中的值按照对应的键名依次传递给同名的形参,实现了按关键字参数形式进行参数传递的功能。

【例 4.9】　改写例 4.8 中的程序,实现带两个星号的序列解包参数在函数调用时的用法。

```
>>> dict2 = {′p′:11,′q′:22,′r′:3}
>>> fun( * * dict2)
    89
```

对比之下,发现该种方法使用简便,可很快将字典中的数据进行解包,并传递给形参,而且不会出错。

4.2.4　变量的作用域

有了函数之后,用户可随意在函数内部与函数外部定义所需的变量,那么这些变量是否可以同名,各自有什么区别呢? 这就涉及变量的类型以及作用域了。变量的作用域指的是变量在程序代码中起作用的范围。不同作用域中可以定义同名变量,且它们之间互不影响。变量的类型主要有两类:全局变量和局部变量。通常将在函数内部定义的变量称为局部变量,而在函数外部定义的变量称为全局变量。

1)局部变量

局部变量一般是指在函数内部定义的变量,该变量只在函数内部起作用。它们的作用域是从定义处开始,直到函数结束。当函数结束时,其内部定义的变量,将会被系统自动删除,而不能再被访问。用户可在函数外部定义与其同名的变量,但是二者之间没有任何关联。

下面代码展示了局部变量的定义与使用。

```
def sum(n):   #求前 n 个数的和
    su =0   #定义一个局部变量 su
    for i in range(1, n+1):
        su += i
    return su
s=sum(100)    #定义一个非局部变量
print("前 100 个整数的和为:", s)
```

print("局部变量 su 的值为：", su)

程序运行结果为：

　前 100 个整数的和：5050

Traceback（most recent call last）：

　File "<stdin>", line 1, in <module>

NameError：name 'su' is not defined

由于变量 su 是在函数 sum()内部定义的。因此,它是一个局部变量,作用范围仅限于该函数内部。如果在函数外部访问该变量,将会报错,提示变量未定义过,无法使用。这主要是因为函数调用结束后,内部的局部变量 su 被自动删除掉了,不能再被访问。

2）全局变量

全局变量是指那些在函数外部定义的变量。其作用域是整个程序段,比局部变量的作用范围大,一般从定义处开始,直到程序结束。用户可通过使用 global 关键字实现在函数内部修改该变量的值。

下面代码展示了全局变量的定义与使用。

x=10　#定义一个全局变量 x

v=20　#定义一个全局变量 v

def printInfo(n)：　#求一个数加 100 后的结果

　global x

　v=500　#定义了一个与全局变量同名的局部变量 v

　x=n+100+ v　#在函数内部通过 global 关键字修改全局变量 x

　global y=100

　print(x)

　print(y)

printInfo(100)

print("全局变量 x 的值为：", x)

print("全局变量 y 的值为：", y)

程序运行结果为：

　700

　全局变量 x 的值：700

　100

　全局变量 y 的值：100

在函数 printInfo(n)外定义了一个全局变量 x,初始值为10,随后在函数内部为变量 x 加上 global 关键字,就可对全局变量 x 的值进行修改了。如果在函数内部未给变量 x 加上 global 关键字,则 x 在函数内部会被视为一个局部变量,但该局部变量 x 未被定义就直接使用,就会报错。此外,还要注意下变量 y,它在函数外部未被定义过,但在函数内部却以 global 关键字标识,该变量也被认为是全局变量。因此,在函数内外均可访问该变量的值。函数内外定义了同名的局部变量与全局变量 v,但在具体使用时,会发现只有局部变量 v 起作用。

综上所述,可得出以下结论:

①如果在函数外部定义了一个全局变量,那么想要在函数内部修改它的值,则需要在函数内部使用关键字 global 进行标识。

②如果在函数外未定义过全局变量,但在函数内部使用关键字 global 定义了一个新变量,那么这个新变量就会被认为新增加的全局变量,可在整个程序段应用。

③如果程序段中存在同名的局部变量与全局变量,则默认使用局部变量,而全局变量会被屏蔽掉。

4.3　特殊类型的函数

4.3.1　嵌套函数、闭包与递归函数

1)嵌套函数

Python 允许创建嵌套函数,即在一个函数里定义了另一个函数。一般称里面的函数为内层函数,外面的函数为外层函数。当调用外层函数时,其内部又调用了内层函数,这种现象被称为函数的嵌套调用。

下面的代码展示了嵌套函数的创建与使用。

```
#创建嵌套函数
def nestf():    #定义外层函数 nestf()
    print("这是外层函数")
    def nested():    #定义内层函数 nested()
        print("这是内层函数")
    nested()    #直接调用内层函数 nested()
#使用嵌套函数
nestf()
```

程序运行结果为:

　　这是外层函数

　　这是内层函数

上述代码在外层函数中直接调用了内层函数,其实还可通过"return 函数名"的形式调用内层函数,对应的嵌套函数使用形式也会随之发生改变,修改的代码如下:

```
#创建嵌套函数
def nestf():    #定义外层函数 nestf()
```

```
        print("这是外层函数")
        def nested( ):  #定义内层函数 nested( )
            print("这是内层函数")
        return nested   #通过"return 函数名"的形式调用内层函数 nested( )
#使用嵌套函数
f=nestf( )
f( )
```

由于语句 return nested 表示返回了内层函数 nested 在内存中的地址。因此,在执行语句 f=nestf( )时,就表示调用外层函数 nestf( )。它先输出显示字符串"这是外层函数",后返回内层函数 nested 在内存中的地址,并存入变量 f 中;最后执行语句 f( )时,相当于调用了内层函数 nested,进入函数内部,执行里面的语句,最终输出字符串"这是内层函数"。

总结:创建嵌套函数较方便,使用也较灵活,但却存在因函数内部反复定义函数引起执行效率低的问题。因此,不建议过多使用它。

2)闭包

在嵌套函数中,如果内层函数使用了外层函数的局部变量、参数,且外层函数的返回值为内层函数的引用,这就形成了闭包。闭包可保存函数的状态信息,能让函数的局部变量信息有效地保留下来,不致被销毁。它一般含有两种形式:一种是在外层函数中直接调用内层函数;另一种是以 return 函数名形式在外层函数中返回内层函数的地址。

第一种形式的闭包:

```
def nestf1(m):  #定义外层函数 nestf1( )
    count=10;  #定义变量 count
    def nested1( ):  #定义内层函数 nested1( )
        n=100  #定义变量 n
        print(count * 30+n+m)   #访问外层函数的局部变量 count,参数 m
    nested1( )   #调用内层函数 nested1( )
#调用外层函数
nestf1(200)
```

程序运行结果为:

　600

第二种形式的闭包:

```
def nestf2(m):  #定义外层函数 nestf2( )
    count=10;  #定义变量 count
    def nested2( ):  #定义内层函数 nested2( )
        n=100  #定义变量 n
        print(count * 30+n+m)   #访问外层函数的变量 count
    return nested2  #返回内层函数 nested2( )的引用地址
```

#调用外层函数

f1 = nestf2(200)

f1()

程序运行结果为:

　500

在闭包中,需要注意的是,内层函数仅可访问外层函数里面已定义的局部变量或参数,但不能修改其值;若要修改,则需要添加关键字 nonlocal。

```
def nestf3(m):   #定义外层函数 nestf3()
    count = 10;   #定义变量 count
    def nested2():   #定义内层函数 nested3()
        nonlocal count   #修改外层函数局部变量 count 的值
        count + = 20
        print("count 的值:", count)   #访问外层函数的变量 count
        print("count+m 的值:", count+m)
    return nested3   #返回内层函数 nested3()的引用地址
```

#调用外层函数

f1 = nestf3(20)

i = 1

while(i < = 3):

　print("第"+i+"次循环输出结果:")

　　f1()

程序运行结果为:

　第 1 次循环输出结果:

　count 的值:30

　count+m 的值:50

　第 2 次循环输出结果:

　count 的值:50

　count+m 的值:70

　第 3 次循环输出结果:

　count 的值:70

　count+m 的值:90

观察运行结果可知,使用闭包,可将外层函数中的局部变量每次变化的信息全部保存下来,不会被销毁掉。

3)递归函数

函数的嵌套调用,其本质是在一个函数里调用另外一个函数,那如果在一个函数里直接或间接调用自身是否可行呢? 答案是可行的。这是函数调用时的一种特殊情况,通常称为

函数的递归调用。同时,将这个直接调用自己或间接调用自己的函数,称为递归函数。函数递归常用于把一个庞大复杂的问题分解成几个相对简单的且解法相同或类似的子问题来进行求解。递归一般含有以下两个必备条件:

(1)边界条件

递归调用不能无限制地进行下去,需要指明一个终止条件,使递归调用在有限次后能够结束。

(2)递推模式

将原始的大问题划分为若干个子问题时,需确保每次划分后的子问题与原问题的本质要相同,并具有相同或类似的解法,且问题的规模逐渐缩小,所要处理的数据也在有规律地变化。

下面列举两个案例,用于描述函数的递归调用。

【例4.10】 求一个整数 n 的阶乘。

求一个数 n 的阶乘,可根据下面的公式进行求解。

$$n! = \begin{cases} n! = 1 & (n = 0) \\ n * (n - 1)! & (n > 0) \end{cases} \tag{4.1}$$

```python
def fun1(n):    #求数 n 的阶乘
  if n==0:    #边界条件
    return 1
  else:
    return n * fun1(n-1)    #递推模式
print("5 的阶乘为:",fun1(5))
```

程序运行结果为:

    5 的阶乘为:120

【例4.11】 下面定义了两个函数,分别为 fun2() 与 fun3()。

```python
def fun2(x):    #定义函数 fun2()
  y=3
  …
  z=fun3(y)
  …
  return 2 * z
def fun3(t):    #定义函数 fun3()
  a=4
  …
  c=fun2(a)
  …
  return 3+c
```

通过观察可知,在调用函数 fun1( )的过程中,它又调用了自身;而在调用函数 fun2( )的过程中,它调用了函数 fun3( ),在调用函数 fun3( )的过程中,又去调用了函数 fun2( )。因此,将在调用一个函数的过程中直接调用该函数本身的情形,称为函数的直接递归调用;而将后者出现的函数调用情形,称为函数的间接递归调用。

对于直接递归调用而言,其本质是一个函数调用自身,在调用自身的同时又调用了自身,如此循环往复,直至满足一定的条件,函数不再被调用了。之后,就会从最后一次函数调用处开始,一层一层地向上返回每一层函数调用时的输出结果,直到第一次调用函数位置处结束。因此,函数的递归调用执行过程主要包含递归与回溯两部分。在执行递归函数调用过程中,先是进入递归部分,若不满足递归终止条件,就会逐层向前递归下去,直到满足了递归终止条件,递归就不再进行;此时开始进入回溯部分,即逐层向后回归,返回输出结果。

4.3.2　Lambda 表达式与匿名函数

当仅是临时需要使用一个类似于函数的功能而不必定义一个函数时,可使用匿名函数来实现。在 Python 中,匿名函数是一种特殊的自定义函数,即是一种没有名字的简单的自定义函数。通常使用 Lambda 表达式来创建一个匿名函数。基本语法格式如下:

lambda[arg1[,arg2,…,argn]]: expression

参数说明:

- 关键字 lambda 后面是一个空格,再接着是参数列表,冒号与一个表达式。
- arg1[,arg2,…. , argn]是参数列表,可以有 1 个或多个。
- lambda 的主体是一个表达式,仅能完成有限的逻辑,不可含有其他复杂的语句,但可调用其他函数,且表达式的计算结果相当于函数的返回值。
- lambda 表达式拥有自己的命名空间,且不能访问自有参数列表之外或全局命名空间里的参数。

与关键字 def 创建的自定义函数不同,在调用由 lambda 表达式创建的匿名函数时,先把表达式的值赋给一个变量,并把这个变量名作为匿名函数的名称,再像一般函数调用。

下面的代码展示了使用一般自定义函数与匿名函数两种形式实现 3 个数的四则运算。

```
#一般的自定义函数
def fun4(a, b, c):
    return a * b+c-10
print(fun4(3,4,5))


# lambda 匿名函数
f = lambda a, b, c: a * b+c-10
print(f(3,4,5))
```

程序运行结果为:

7

7

上述代码中 f = lambda a, b, c：a * b+c-10 内部含有一个关键字 lambda,它表示匿名函数；冒号左边的 a, b, c 是这个函数的参数,冒号右边的表达式 a * b+c-10 是函数体；匿名函数不需要 return 来返回值,返回值为表达式 a * b+c 的结果,由变量 f 来接收存储。

4.3.3 yield 与生成器函数

在函数内部,通常会使用 return 语句来获取函数的返回值,且执行完该语句后,整个函数调用就结束了。有时,也可采用其他语句来标识函数的返回值,且可被多次执行。Python中提供了一种满足此需求的特殊函数,即生成器函数,简称生成器。所谓生成器函数,其实是指使用 yield 关键字标识返回值的函数。当调用生成器函数时,它会返回一个迭代器对象,仅用于实现迭代操作。一般会通过调用 next( )内置函数,_next_( )方法或 for 循环来遍历迭代器对象,输出其中存储的数据元素。

下面代码展示了一个生成器函数的定义与调用过程。

```python
#定义生成器函数
def printElements( )：
    "打印输出 0-5 这 6 个整数的平方"
    print("starting")
    for i in range(6)：
        yield i * i   #使用 yield 关键字代替 return 语句标识函数的返回值
        print("next step")
print(type(printElements))   #函数类型   #<class 'function'>
print(type(printElements()))   #生成器类型   #<class 'generator'>
#调用生成器函数,返回一个迭代器,由 elem 来接收
elem = printElements( )
print(type(elem))   #生成器类型   #<class 'generator'>
#调用 next( )遍历迭代器
print(next(elem))
print(type(next(elem)))   #数据元素类型<class 'int'>
#调用_next_( )遍历迭代器
print(elem. _next_( ))
#使用 for 循环遍历迭代器
for el in elem：
    print(el)
```

程序运行结果为：

```
<class 'function'>
<class 'generator'>
<class 'generator'>
starting
```

0

next step

<class 'int'>

next step

4

next step

9

next step

16

next step

25

next step

　　这里的 yield 语句与 return 语句在功能上基本类似, 都用于返回函数值, 唯一不同的是, 在执行完 return 语句后, 函数调用就终止了, 其后的内容将不再执行。而执行 yield 语句时会暂停, 然后返回一个值, 并及时保存当前位置等信息, 下次执行迭代器的 next( )方法时会从上次保存的位置处开始继续执行。这一点也是调用普通函数与调用生成器函数的不同之处。

　　由于 printElements 为函数名, printElements( )表示调用生成器函数返回一个迭代器。因此, 执行语句 print(type(printElements)), print(type(printElements( )))时, 分别输出函数的类型和生成器类型, 即<class 'function'>与<class 'generator'>;调用函数 printElements( )时, 因为函数中含有 yield, 因此并不会真正执行该函数, 而后第一次遇到时, 而是返回一个生成器对象, 并赋值给变量 elem;当执行语句 print(type(elem))时, 输出生成器类型, 即<class 'generator'>。

　　当使用 next( )方法遍历迭代器 elem 时, 函数 printElements( )才会被正式执行。因此, 执行语句 print(next(elem)), 首先会输出字符串信息-starting, 然后遇到 yield 语句时, 会输出 0, 此时, 程序停止, 不再执行其后的语句。随后, 在执行语句 print(type(next(elem)))时, 又一次调用了 next( )方法, 此时会从上次程序停止处开始继续运行, 先输出 next step, 然后遇到 yield 语句, 返回 1, 程序再次停止。但是这里并未将返回的 1 打印输出, 而是输出显示该数据元素的类型, 即<class 'int'>。

　　当调用_next_( )方法再次遍历 elem 时, 此时会先输出 next step, 遇到 yield 语句时, 返回 4(即 2 * 2), 程序又一次停止;最后使用了 for 循环遍历该对象, 每一次循环都会调用 next( )方法从上次程序停止的位置继续执行, 因此, 输出的结果为:

next step

9

next step

16

next step

25

next step

若去掉 print(next(elem))和 print(elem._next_())这两行语句,则使用 for 循环遍历迭代器对象 elem 时,输出的结果为:

<class 'function'>

<class 'generator'>

<class 'generator'>

starting

0

next step

1

next step

4

next step

9

next step

16

next step

25

next step

当然也可使用 next()与 while 循环替换掉 for 循环来实现遍历迭代器的功能,与上述输出结果类似。具体代码如下:

```
import sys
while True:
    try:
        print (next(elem), end="\n")
    except StopIteration:
        sys. exit()
```

使用生成器函数,可通过 next()函数逐个地输出数据元素,而不是一次性生成所有数据,不仅较好地保存了函数的运行状态,而且还可有效地节省存储空间。

4.4 常用内置函数

Python 中提供了很多内置函数供用户编程使用。这些内置函数与 C 语言中的标准库函数类似,用户在使用时不用定义,只需按照要求传递所需的实参就可以调用函数完成相应的功能了。常用的内置函数主要有 I/O 函数、数学运算函数、字符串函数及序列操作函数等。

4.4.1　I/O 函数

Python 中提供了一些用于输入和输出操作的函数,这类函数统称为 I/O 函数,见表 4.1。

表 4.1　常见的 I/O 函数

函数名	功能描述
open(filename,[mode])	以 mode 指定的模式打开或建立一个文件
read( )	读取文件中的内容
write( )	向文件中写入新内容
close( )	关闭文件以保存之前对文件所做的修改
input( )	获取用户从键盘中输入的数据,以字符串形式返回
print( )	输出显示数据

input( )与 print( )函数在前面章节中已讲过如何使用,其余函数将会在第 6 章详细介绍,这里不再赘述。

4.4.2　数学运算函数

Python 中提供了一类数学运算函数,主要用于进行算术运算,见表 4.2。

表 4.2　常见的数学运算函数

函数名	功能描述
sum(iterable[,start])	对列表,集合,元组等序列中的元素进行求和运算
divmod(a, b)	将 a 和 b 相除得到的商和余数以元组形式返回
pow(x, y)	获取 x 的 y 次幂
abs(x)	获取数字 x 的绝对值
round(x,[n])	获取浮点数 x 的四舍五入后的结果
eval(str)	获取将字符串 str 当成表达式计算所得的结果
sqrt(x)	获取 x 的平方根
ceil(x)	对 x 进行向上取整
floor(x)	对 x 进行向下取整
sin(x)	获取 x 的正炫值
cos(x)	获取 x 的余弦值
tan(x)	获取 x 的正切值
log(x, b)	获取以 b 为底的 x 的对数

若要使用这些数学函数完成基本的数学运算,首先需要添加一行代码:

from math import *

下面的代码展示了常见数学函数的基本使用。

```
>>> from math import *
>>> log(32,2)
  5.0
>>> sin(math.pi/6)
  0.49999999999999994
>>> cos(math.pi/3)
  0.5000000000000001
>>> tan(math.pi/4)
  0.9999999999999999
>>> ceil(3.56)
  4
>>> sqrt(256)
  16.0
>>> pow(2,5)
32.0
```

4.4.3 字符串函数

Python 中提供了一类字符串函数,主要用于对字符串进行的相关运算,如字符串替换、删除、复制、连接、比较、查找、分割及取子串等。常见的数学运算函数见表4.3。

表4.3 常见的字符串函数

函数名	功能描述
capitalize()	把字符串的第一个字符大写
count(str, begin=0, end=len(string))	返回 str 在 string 里面出现的次数,如果指定了 beg 或者 end,则返回指定范围内 str 出现的次数
endswith(obj, beg=0, end=len(string))	检查字符串是否以 obj 结束,如果指定 beg 或者 end,则检查指定的范围内是否以 obj 结束,如果是,返回 True,否则返回 False
startswith(obj, beg=0, end=len(string))	检查字符串是否是以 obj 开头,是则返回 True,否则返回 False。如果指定 beg 和 end 值,则在指定范围内检查
replace(str1, str2, num=string.count(str1))	把 string 中的 str1 替换成 str2,如果指定 num,则替换不超过 num 次
join(seq)	以 string 作为分隔符,将 seq 中所有的元素合并为一个新的字符串
lower()	把字符串中的所有字符转换为小写

续表

函数名	功能描述
upper( )	把字符串中的所有字符转换为大写
title( )	把字符串中的每个单词首字母大写
swapcase( )	翻转 string 中的大小写
find(str, beg=0, end=len(string))	检测 str 是否包含在 string 中,如果指定 beg 和 end,则检查是否包含在指定范围内,如果是,返回开始的索引值,否则返回-1
index(str, beg=0, end=len(string))	跟 find( )方法一样,只不过如果 str 不在 string 中,会报一个异常
split(str="", num=string. count(str))	以 str 为分隔符切片 string,如果 num 有指定值,则仅分隔 num+个子字符串
rstrip( )	删除 string 字符串末尾的空格
lstrip( )	删除 string 左边的空格
isdigit( )	如果 string 只包含数字则返回 True 否则返回 False
isalpha( )	如果 string 至少有一个字符并且所有字符都是字母则返回 True,否则返回 False

下面的代码展示了 3 个常见字符串函数的基本使用,其余字符串函数的用法具体详见第 2 章中的字符串。

```
#查找字符串 apple 所在的位置
>>> str1 ="This is an apple, I will give you an apple."
>>> print( str1. find("apple"))
  11
>>> print( str1. index("apple"))
  11
#用'-'来分割字符串
>>> a='aaaa-bbbb-cccc-dddd'
>>> b=a. split('-')
>>> print( b)
  ['aaaa', 'bbbb', 'cccc', 'dddd']
```

4.4.4　序列操作函数

Python 中也提供了一些序列操作函数,专门用于处理像列表、元组、集合及字典这样的序列。常见的序列操作函数见表 4.4。

表 4.4　常见的序列操作函数

函数名	功能描述
map(func,seq1[,seq2,...])	将 func 指定的函数依次作用到 seq1[,seq2,...]指定的一个或多个序列中的元素上
reduce(func, seqence[, initializer])	将 func 指定的含有 2 个参数的函数以累积的方式从左到右依次作用于 seqence 指定的一个或多个序列中的所有元素上
filter(func, iterable)	将 iterable 指定的序列中不符合条件的元素过滤掉,返回以符合条件的元素组成的新序列
zip(iterable, ...)	将 iterable 指定的多个序列中对应位置上的元素组合成一个个元组,最后返回一个由多个元组组成的列表
sorted(list, key=none, reverse=False)	对 list 进行自定义排序。先将 key 指定的函数作用于 list 中的每一个元素上,然后按照函数返回结果对 list 进行升序或降序排列

上述提到的 map( ), reduce( ), filter( ), zip( ), sorted( )等函数都是 Python 中内置的高阶函数,可将其他函数作为参数或返回结果。下面将通过实际案例介绍每个高阶函数的具体使用方法。

1) map( )函数

【例 4.12】　求若干个整数的立方根,以及两个元组中对应位置上元素相乘所得结果。

```
from math import *
def f1(x):
    return pow(x,1/3)

def f2(x, y):
    return x * y
result1 = map(f1,[8,27,64,125,216])
print(list(result1))
result2 = map(f2,(1,2,3,4,5),(6,7,8,9,10))    #函数
print(list(result2))
```

程序运行结果为:

　　[2.0,3.0,3.9999999999999996,5.0,5.999999999999999]

　　[6,14,24,36,50]

2) reduce( )函数

【例 4.13】　编写程序实现若干个整数的求和运算。

```
from functools import reduce    #先引入 reduce
def f3(x, y):
    return x+y
```

result3 = reduce(f3, [8,27,64,125,216])

print(result3)

程序运行结果为:

　　440

reduce()函数在执行过程中是这样操作运行的:首先将序列中的前两个整数作为函数 f3 的实参,得到结果为 35;随后将 35 和序列中下一个整数 64 再次作为函数 f3 的实参,求得结果为 99。以此类推,最终会将上次函数计算所得结果与序列中最后一个整数 216 相加,最终得到结果为 440,即 reduce()函数的返回值。

3)filter()**函数**

【例 4.14】 编写程序,从一个集合中删除掉值不为 3 的整数倍的元素,并将剩余元素保留。

def f4(x):

　　return x%3 = =0

result4 = filter(f3, {8,27,64,75,216})

print(set(result4))

程序运行结果为:

　　{216,27,75}

4)zip()**函数**

【例 4.15】 编写程序将两个列表中对应位置上的元素组合一起形成由多个元组构成的序列。

list1 = ['a','b','o','g']

list2 = ['apple','banana','orange','grape']

result5 = zip(list1, list2)

print(list(result5))

程序运行结果为:

　　[('a', 'apple'), ('b', 'banana'), ('o', 'orange'), ('g', 'grape')]

5)sorted()**函数**

【例 4.16】 编写程序,对若干个整数进行升序排列,而对若干个字符串按照字符串长度进行降序排列。

#对若干个整数进行升序排列

>>> sorted({288,127,64,75,216}, key = None, reverse = False)

　　[64,75,127,216,288]

#对若干个字符串按照字符串长度进行降序排列

>>> sorted({"bb", "a", "bbc", "ddff", "edrfsfv"}, key = len, reverse = True)

　　['edrfsfv', 'ddff', 'bbc', 'bb', 'a']

4.5 模 块

随着计算机程序功能越来越复杂,将所有的代码放在一个文件里,显然存在大量冗余,且不易管理与维护。为此,引入了模块与包,通过它可有效地组织程序中的代码,更好地提高代码的重用性、可阅读性与维护性,同时还能进一步提升编程人员的工作效率。下面将针对模块和包的概念,常见的标准模块,以及如何创建与使用模块与包等知识点展开详细阐述。

4.5.1 模块和包的概述

在 Python 中,一个模块就是一个扩展名为. py 的程序文件。在该文件里,用户可自定义任何函数、类与变量等。与函数类似,模块也分为标准模块与自定义的第三方模块。标准模块也就是 Python 中内置的模块,已定义好的模块,用户可直接导入与使用,可有效节省编码工作量;而第三方模块需要用户根据实际需要自行定义,定义完后才可像标准模块那样正常使用。

当将多个密切相关或功能相近的模块组织一起存放到同一个文件夹下,并在该文件夹下创建名为_init_. py 的文件时,将这样的文件夹称为包。文件夹的名称即包的名称,且不同包下可存在同名的模块。通过包,可更好地对多个模块进行组织与管理。

4.5.2 常用标准模块

与 C 语言中头文件和 Java 中的包类似,标准模块也需要先导入,而后才能使用。Python 中提供了很多内置模块(标准模块)。常见的标准模块主要有以下类型:

1)Math 与 String 模块

4.4.2 小节和4.4.3 小节提供了一些常用的数学运算函数与字符串函数。其实这两类函数分别来自 math 模块与 string 模块。用户需要先通过"import 模块名"导入对应模块,然后才可使用模块里含有的各类函数,使用方式为"模块名. 函数名(实参)"。例如,import math,调用该模块中的求幂运算函数对应代码则为 math. pow(3,5)。

当然也可通过另一种方式导入模块中的个别函数或所有函数,然后就可不加模块名,直接调用模块里刚刚导入的函数了。这种方式是"from 模块名 import *"或"from 模块名 import 函数名1,函数名2,..."。例如,from math import *或 from math import pow, sqrt,那么访问其中的函数代码则为 pow(3,5),sqrt(121)。

关于这两个模块中的函数还有很多,见表4.2、表4.3。

2）random 模块

random 模块主要用于生成随机数。其内部含有的函数见表4.5。

表 4.5　random 模块中的函数

函数名	功能描述
random( )	随机产生一个取值范围为 0~1 的浮点数
uniform(a, b)	随机产生一个指定范围内的浮点数,该范围为[a, b],其中 a>b
randint(a, b)	随机产生一个指定范围内的浮点数,该范围为[a, b]
randrange([start], stop[, step])	从指定范围内,按步长递增的集合中获取一个随机数,step 为步长,默认值为 1
choice(sequence)	从 sequence 指定的序列中产生一个随机数
shuffle(x[, random])	将列表 x 中的元素进行随机排序
sample(sequence, k)	从 sequence 指定的序列中随机获取一个指定长度 k 的片段

下面代码展示了 random 模块中几个常见函数的使用方法。

```
>>> import random
>>> a = random. random( )
>>> print (a)
  0. 5459868842901291
>>> print(random. uniform(1,10))
  5. 49189533911328
>>> print(random. uniform(10,1))
  5. 373991895576106
>>> print(random. randint(4,8))
  5
>>> print(random. randrange(10,50,3))
  34
>>> list = [1,2,5,3,6,8,9]
>>> print(random. choice(list))
  5
>>> list2 = ['aa', 'bb', 'cc', 'dd', 'ee']
>>> random. shuffle(list2)
  ['cc', 'aa', 'bb', 'dd', 'ee']
>>> print(random. sample(list2,4))
  ['aa', 'ee', 'bb', 'cc']
>>> print(list2)
```

['aa', 'bb', 'cc', 'dd', 'ee']

4.5.3 自定义模块

除标准模块外,用户还可根据实际问题的需要自定义模块。

1)创建自定义模块

创建自定义模块,就是创建一个扩展名为.py 的文件,并在文件中写入函数,类与变量定义的相关代码。例如,创建了一个名为 firstModel.py 的文件,相当于创建了一个模块,名称为 firstModel。接下来,就可在模块里添加相关代码,即在 firstModel.py 文件中写入新代码,具体内容如下:

```python
def fun1():    #求 200 以内偶数的总和
    sum=0
    for i in range(1,201):
        if(i%2==0):
            sum=sum+i
    print("200 以内偶数的总和:", sum)


def fun2():    #输出显示一个字符串
    print("This is the second function!")


class Person:
    def _init_(self, id, name,sex, age):
        self.id=id
        self.name=name
        self.sex=sex
        self.age=age
    def printInfo(self):
        print("身份证编号:", self.id)
        print("姓名:", self.name)
        print("性别:", self.sex)
        print("年龄:", self.age)
```

在 firstModel 模块里已定义了一个函数和一个类(关于类,这里大致了解下,第 5 章有详细介绍),其中类里包含了一个构造方法_init_(self, id, name,sex, age)与一个普通成员方法 printInfo(self, id, name,sex, age)。

2)导入与使用自定义模块

若要访问模块中的函数、类等,则还需要像使用 Python 中内置的标准模块那样,遵循先导入、再访问的原则。下面代码展示了在 test1.py 中访问模块 firstModel 中的内容。

（1）第一种方式

```
#导入用户自定义的模块 firstModel
Import firstModel
#使用自定义模块访问其中的函数
firstModel.fun1()
firstModel.fun2()
#使用自定义模块访问其中的类,并实例化出一个类对象
person=firstModel.Person('20190001','王华','女',23)
#通过类对象,再访问类中的方法,输出显示人的个人信息
person.printInfo()
```

程序运行结果为：

```
200 以内偶数的总和:10100
This is the second function!
身份证编号:20190001
姓名:王华
性别:女
年龄:23
```

注意：这里需要将 test1.py 与 firstModel.py 两个文件放在同一个目录下,或 sys.path 所列出的目录下,方便 Python 解释器可快速找到用户自定义的模块。

（2）第二种方式

访问模块里的函数或类时,总是需要加上模块名这个前缀,多少有些麻烦,为了避免这个问题,可采用第二种方式导入与使用模块。上述的代码可改为以下形式：

```
#自定义的模块 firstModel 导入用户所要访问的函数或类
from firstModel import fun1, fun2, Person
#直接访问其中的函数
fun1()
fun2()
#使用自定义模块访问其中的类,并实例化出一个类对象
person=Person('20190001','王华','女',23)
#通过类对象,再访问类中的函数,输出显示人的个人信息
person.printInfo()
```

程序运行结果为：

```
200 以内偶数的总和:10100
```

This is the second function！

身份证编号：20190001

姓名：王华

性别：女

年龄：23

可知，该种方式使用较简便，且最终的运行结果也是一样的。这里还可使用"from first-Model import ＊"来替换"from firstModel import fun1，fun2，Person"，代码编写更简洁。有时，模块里的函数名称过长，不太方便使用，此时可给其起个简短些的别名，如 from firstModel import fun1 as f，那么就可通过 f（）形式来调用 fun1（）函数了。

如果想访问程序里含有的多个模块时，则可通过"import 模块名1，模块名2，…，模块名 n"一次性引入待访问的多个模块，各个模块之间以逗号隔开。例如，下面又定义了一个名为 secondModel 的模块，模块里的内容如下：

```
def func1（a，b）：
    return a+b−10
def func2（a，b，c）：
    return （a+b）＊c
class Book：
    def _init_（self，bid，bname，count，price，author）：
        self. bid＝bid
        self. bname＝bname
        self. count＝count
        self. price＝price
        self. author＝author
    def getPrice（self）：
        print（"图书的总价格为："，self. count＊self. price）
```

在 test2. py 中访问上述两个模块中的类和函数，具体代码如下：

```
#导入多个模块中的类和函数
import firstModel，secondModel
#访问 firstModel 模块中的函数
firstModel. fun1（）
firstModel. fun2（）
#访问 secondModel 模块中的类
secondModel. func1（20，10）
secondModel. func2（20，10，10）
#访问 secondModel 模块中的函数
book＝secondModel. Book（'001'，'Python 程序设计与实践'，20，35.6，'董付国'）
```

book. getPrice( )

程序运行结果为：

   200 以内偶数的总和：10100

   This is the second function！

   图书的总价格：712.0

3）模块位置的搜索顺序

当用户导入一个模块时，系统是如何寻找到这个模块的呢？这就涉及模块位置的搜索问题了。实际上，它是按照 system 模块的 sys. path 变量中存储的搜索路径依次按顺序来搜索指定的模块。该变量里包含了当前目录，PYTHONPATH 环境变量以及 PYTHON 安装目录。

当使用 import 语句导入指定模块时，Python 解释器会先搜索当前目录对模块位置进行搜索，如果未搜索到，则会进入 PYTHONPATH 环境变量下的每个目录再次进行搜搜；如果还未搜索到，最后则会去查看 PYTHON 的安装目录。下面的代码展示了使用 pprint 模块中的 pprint( )方法格式化显示 system 模块的 sys. path 变量中存储的内容。

```
>>> import sys, pprint
>>> pprint. pprint( sys. path)
  ['',
 'C：\ \ Users \ \ chenhongyang \ \ AppData \ \ Local \ \ Programs \ \ Python \ \ Python36 \ \
Python36. zip',
 'C:\\Users\\chenhongyang\\AppData\\Local\\Programs\\Python\\Python36\\DLLs',
 'C:\\Users\\chenhongyang\\AppData\\Local\\Programs\\Python\\Python36\\lib',
 'C:\\Users\\chenhongyang\\AppData\\Local\\Programs\\Python\\Python36',
 'C:\\Users\\chenhongyang\\AppData\\Local\\Programs\\Python\\Python36\\lib\\site-
packages']
```

可知，第一行为''，表示当前目录。

4）模块的主要属性

模块中也包含了一些属性，如_name_属性和_doc_属性等。通过这些属性，可获取与模块相关的属性信息。

（1）_name_属性

通过该属性，可获取模块的名称信息。例如：

```
>>> import firstModel
>>> print( firstModel. _name_)
  firstModel
```

（2）_doc_属性

通过该属性,用户可为模块类与函数等进行说明性文字的添加,使程序的可读性更好。模块里第一行的字符串一般称为文档字符串,与函数和类中的文档字符串类似,它用于说明模块的用途。下面展示了获取模块文档字符串信息的 3 种方式。

①模块名._doc_

```
>>> import random
>>> print(random._doc_)
    Random variable generators.

    integers
    ---------

        uniform within range

    sequences
    ---------

        pick random element
        pick random sample
        pick weighted random sample
        generate random permutation

    distributions on the real line：
    ------------------------------

        uniform
        triangular
        normal（Gaussian）
        lognormal
        negative exponential
        gamma
        beta
        pareto
        Weibull

    distributions on the circle（angles 0 to 2pi）
    ----------------------------------------------

        circular uniform
        von Mises

General notes on the underlying Mersenne Twister core generator：

* The period is 2 ** 19937 - 1.

* It is one of the most extensively tested generators in existence.
```

* The random( ) method is implemented in C, executes in a single Python step, and is, therefore, threadsafe.

②使用内置函数 dir(模块名)可获取模块里所有定义的变量和函数等信息

>>> print(dir(random))

['BPF', 'LOG4', 'NV_MAGICCONST', 'RECIP_BPF', 'Random', 'SG_MAGICCONST', 'SystemRandom', 'TWOPI', '_BuiltinMethodType', '_MethodType', '_Sequence', '_Set', '_all_', '_builtins_', '_cached_', '_doc_', '_file_', '_loader_', '_name_', '_package_', '_spec_', '_acos', '_bisect', '_ceil', '_cos', '_e', '_exp', '_inst', '_itertools', '_log', '_pi', '_random', '_sha512', '_sin', '_sqrt', '_test', '_test_generator', '_urandom', '_warn', 'betavariate', 'choice', 'choices', 'expovariate', 'gammavariate', 'gauss', 'getrandbits', 'getstate', 'lognormvariate', 'normalvariate', 'paretovariate', 'randint', 'random', 'randrange', 'sample', 'seed', 'setstate', 'shuffle', 'triangular', 'uniform', 'vonmisesvariate', 'weibullvariate']

③使用内置函数 help(模块名)

>>> help(random)

Help on module random:

NAME

　　random-Random variable generators.

DESCRIPTION

　　integers

　　---------

　　　　uniform within range

　　sequences

　　---------

　　　　pick random element

　　　　pick random sample

　　　　pick weighted random sample

　　　　generate random permutation

　　distributions on the real line:

　　------------------------------

　　　　uniform

　　　　triangular

　　　　normal (Gaussian)

　　　　lognormal

　　　　negative exponential

　　　　gamma

beta

pareto

Weibull

—— More ——

4.5.4 包的创建与使用

为了能对众多模块进行有效的组织与管理,引入了包的概念。它能将功能上相同或相似的模块关联一起,并存放于同一个文件夹下。在 Python 中,一个文件夹就是一个包,但该文件夹中要求放一个_init_. py 文件,文件夹下包含的文件就是包中含有的模块。由于不同的文件夹可存放同名的文件。因此,同一个模块也可存放在不同的包中。

1)创建包

由于文件夹与包是相对应的,因此,创建包实质是指创建一个文件夹,除此以外,还需要在该文件夹下创建一个名字为_init_的. py 文件。这个_init_. py 文件的内容可以为空,但一般主要是用来完成包的一些初始化工作。当文件夹中包含有_init_. py 文件时,Python 解释器就会将该文件夹当成包。随后,用户就可往包中放入自己需要的模块了。

创建包的基本步骤如下:

①建立一个文件夹,并将该文件夹的名字设定为指定的包名。

②在刚刚创建的文件夹里,再创建一个文件-_init_. py,其内容可以为空。

③根据实际需求,可在上面的文件夹里创建所需的各种模块,即. py 文件。

众所周知,文件夹下方还可包含子文件夹和其他文件,子文件下方又可包含多个子文件夹与文件。对于包而言,也是如此。包下方可包含多个子包和模块,子包中仍可包含多个子包与模块,且无层次限制。

【例 4.17】 请在 F:\database 路径下创建一个名为 mypackage 的包,然后在 package 下方分别创建名为 sub_package1 与 sub_package2 的子包。其中,sub_package1 子包下包含两个模块,分别是 module1. py 和 module2. py, module1. py 中定义了一个函数 fun1( ),module2. py 中也定义了一个函数 fun2( );而 sub_package2 子包下包含两个模块,分别是 module3. py 和 module4. py, module3. py 中定义了一个函数 fun3( ),module4. py 中也定义了一个函数 fun4( )。

当按照上述要求完成各个包,子包与模块的创建后,便可得到包与模块所组织的层次结构,如图 4.1 和图 4.2 所示。

名称	修改日期	类型	大小
sub_package1	2020/8/11 16:51	文件夹	
sub_package2	2020/8/11 16:52	文件夹	
init.py	2020/8/11 16:48	JetBrains PyCharm ...	0 KB

> 此电脑 > 新加卷 (F:) > database > mypackage

图 4.1 mypackage 包下方的子包与文件信息

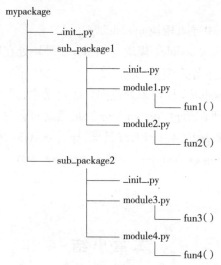

图 4.2　各模块与包构成的组织结构图

2)导入和使用包

当创建好包与模块后,用户就可访问各个模块里存放的模块、函数与类等。假设现在要访问某个包下方子包中模块里的函数,如访问 mypackage 包下的子包 sub_package1 子包下的模块 module1 中的 fun1()函数,则可按照以下 3 种方式进行操作:

①使用 import item. subitem. subsubitem 形式导入指定的模块,再使用完整的模块名称访问函数

import mypackage. sub_package1. module1

mypackage. sub_package1. module1. fun1()

注意:这里的 item,subitem 指的是包名,而最后的一个子项 subsubitem 可指代包或模块的名字,但是不能指代类、函数与变量的名字等。

②使用 from package import item 形式导入指定的模块,再通过模块访问函数

from mypackage. sub_package1 import module1

module1. fun1()

注意:这里的 item 指的是模块名称。

③使用 from package import item 形式直接导入所访问的函数,然后直接访问函数

from mypackage. sub_package1. module1 import fun1

fun1()

注意:这里的 item 指的是函数名称,除此之外,它也可指代子包、类与变量的名称。

如果想把同一个包中的所有模块导入进来,则可使用以下形式:

from package import ∗

如果在一个子包中的模块里引用同包或另一个包中的模块,则可通过相对位置引入所

需的模块。

①需要在 module1 模块中导入模块 module2

from .. import module2　#module1 模块与 module2 模块处在同一级目录中

②需要在 module1 模块中导入模块 module2

由于 module1 模块与 module3 模块未处在同一级目录中,因此需要先返回到上一级目录中,然后导入 module3 模块所在的包 sub_package2,最后通过包导入 module3 模块。

from .. import sub_package2　#返回上级目录,导入 module3 模块所在的包 sub_package2

from .. sub_package2 import module3　#导入 module3 模块

本章小结

本章主要讲述了自定义函数与标准库函数的概念;在 Python 中定义与使用函数的方法;函数的形参类型、实参类型,函数参数传递的形式,以及局部变量、全局变量的作用域;嵌套函数、闭包与递归函数的基本含义与使用方法;使用 lambda 表达式创建匿名函数;常见标准库函数与使用方法;模块、包的基本概念以及使用方法。通过本章的学习,读者可强化对函数与模块的认识,有效组织与管理 Python 中的代码,进一步提升代码的重用性、可阅读性和维护性,从而减少编码工作量,提高工作效率。

练习题 4

练习题 4

第5章 Python 面向对象程序设计

为了进一步降低大型复杂软件开发与设计的难度,引入了另一种代码复用技术——面向对象程序设计(Object-oriented programming, OOP)。它既是一种程序设计方法,也是一种软件开发方式,支持代码复用与设计复用,使开发出来的程序代码具有更好的可阅读性与可扩展性,同时也极大地增强了软件设计的灵活性。与面向过程的程序设计方法不同,它并不是以函数为基本单元,将整个程序看成一系列函数的集合;相反,它则是以对象作为程序的基本单元,认为整个程序由一系列对象构成,不同对象之间通过消息传递的方式进行沟通交流。对象是指将数据(属性)与数据相关操作(行为)封装在一起组成的相互依赖、不可分割的一个整体,而对同一类型的对象进行归类,抽取出共同特征,即形成了类。本质上,类就是对象的抽象与概括,泛指具有相同属性与行为的对象集合。在面向对象程序设计中,着重描述了类的定义方法以及类与类之间关系的组织形式。

本章主要介绍面向对象程序设计中的基本概念(如类和对象)与基本特性;在 Python 中如何自定义类,创建类的实例,通过实例访问类中的成员属性与方法;类属性、实例属性、私有属性与公有属性的创建与使用;公有方法、私有方法、类方法与静态方法的创建与使用;类的单继承与多继承,多态及运算符重载。

5.1 面向对象程序设计概述

与 Java 程序设计语言类似,Python 也是一种面向对象的程序设计语言,完全支持封装、继承、多态等面向对象的基本功能。唯一不同的是,这里的对象泛指 Python 中的所有内容,可以是一个变量,也可以是一个函数或一个类。总之,Python 中的所有内容都被看成一个对象。下面针对面向对象程序设计中的基本概念与特性展开描述。

5.1.1 类与对象

现实世界中客观存在的任何一个实体都可以被当成一个对象。简言之,对象其实就是对具有一定属性和行为的具体事物的抽象。通常属性是指对象所具有的一些静态特征,而

行为是指对象所具有的动态行为特征。例如,一只猫有品种、毛皮颜色、耳朵类型及性格等属性,以及爬树、捕猎、夜游与换毛等行为;一个学生有学号、姓名、性别、年龄、专业、学院、联系方式等属性,也有学习、参加课外活动和休息等行为。

将具有相同属性和行为的对象组合起来形成集合,就构成了一个类,这就是对象所属的数据类型。类是对对象的抽象与概括,也是创建具体对象实例时采用的一种模板,其中定义了所有具体对象共有的属性和行为。例如,宠物店里有无毛猫、咖啡猫、波斯猫及中国狸花猫等,它们都是一个个具体的猫对象,但都属于猫这个类别,具有共同的毛皮颜色、品种等属性,以及爬树、捕猎等行为;班里的每一个学生都是一个具体的学生对象,但因具有共同的属性与行为,因此将这些学生对象都归属为学生这个类别。

5.1.2　面向对象程序设计的特性

面向对象程序设计一般含有抽象、封装、继承及多态4个基本特性。

1)抽象与封装

封装(Encapsulation)是指在对象形成的过程中,将其具有的属性及与属性相关的操作行为封装在一起、对外不可见的行为。有了封装之后,对象的使用者不用去关注对象行为的具体实现细节,只需要按照对象设计者提供的外部接口访问对象即可。以家用电器空调为例,它是一个类,而家中的某一台空调则是该类中的某一个具体空调对象,具有品牌、颜色、能效等级、适用面积、运行模式、商品匹数及温度等属性信息。如果要对该对象实施开机,关机,温度调节等功能行为,只需要在空调遥控板上选择相对应的按钮进行操作即可实现。此时,用户只需要操作即可,而不用了解空调的具体构成部分,这其实就是通过制造商提供的按钮等相关接口来实现的。

抽象是针对类与对象之间的关系而言的。类是对具有相同属性和行为的所有对象的抽象与概括,而对象是类的一个具体实例。

面向对象程序设计的抽象与封装特性使得各个对象能够将自己的属性和行为封装在内部,对外屏蔽其他对象,其他对象只能通过外部提供的接口访问对象内部指定的属性。这在一定程度上有效避免了因随意访问数据而造成数据修改或出错等问题的出现,极大降低软件开发排错的工作量与难度,也提高了代码的重用性与软件开发的效率。

2)继承

继承(inheritance)是面向对象程序设计中的另一个特性,常用来描述多种类之间的联系与区别。它是指由现有类派生出新类时进行代码复用与扩充的一种有效手段。通常将这里的"现有类"称为"基类"或"父类","新类"则称为"子类"或"派生类"。

当从基类中派生出子类时,子类就能直接从基类中继承其含有的属性和方法,不必再重新定义,除此以外,还可根据实际需求定义新的属性和行为。当以上述子类为基类继续派生出下一层子类时,上一层子类中的属性与行为,无论是原有继承来的还是新定义的,都会被下一层子类继承下去。按照继承源可将继承划分为单继承和多继承,且 Python 中对这两种继承形式均支持。单继承是指一个类仅从另一个类中继承相应的属性和行为,而多继承是指一个类可从另外的两个或两个以上的类中继承相应的属性和行为。

通过继承,用户在定义新类时,仅需要编写少量的代码,其余部分代码可从已有类中继承,从而实现了代码复用与扩充的目的,避免了从头到尾亲自编码的烦琐,一定程度上也提高了程序开发的效率。

3)多态

多态(polymorphism)是指通过继承机制从同一父类派生出来的多个子类可以重写父类中定义的行为(方法),使不同类型的子类对象接收发送的同一消息时可以有不同的行为表现。这里的消息指的是调用父类、子类中的同名函数,这些函数名相同,但功能不同。向不同类型的子类对象发送同一消息,表现行为不同,指的是不同类型的对象调用同名函数时,执行了不同的功能。

例如,通过继承,由含有一个 bark( )方法的父类 Animal 派生出了 3 个子类,分别是 dog 类、cat 类和 bird 类。其中,dog 类重写了 bark( )方法,表明狗的叫声为汪汪;cat 类重写了 bark( )方法,表明猫的叫声为喵喵;bird 类重写了 bark( )方法,表明鸟的叫声为喳喳。当通过 3 个子类对象调用同一个方法 bark( )时,不同类型的对象表现行为不同,即 cat 类对象发出喵喵的叫声,dog 类对象发出汪汪的叫声,而 bird 类对象则会发出喳喳的叫声。

5.2 类的定义与使用

与函数的"先定义,再使用"机制类似,在 Python 中,类也是需要先定义、后使用的。通常先根据实际要求定义所需的类,再通过类实例化出具体的对象,后通过对象对类中的属性和方法进行访问。

5.2.1 自定义类

Python 一般使用 class 关键字来定义类。具体语法格式如下:

```
class 类名:
    属性1
    属性2
    …
    方法1
    方法2
    …
```

说明:

①类的定义首先以关键字 class 开头,后接一个空格,然后是类名与冒号,最后换行进行类体的实现。

②类的名字非固定,需要用户自己定义,一般由多个单词组合而成,且各单词首字母大写,也可按照自己的习惯来命名。

③类体主要由定义类中属性和行为的代码构成,且要与 class 所在的行保持一定的缩进。一般使用变量描述类中的属性,而使用方法(函数)来描述类中的行为,这样的属性和方法分别称为类的成员变量和成员方法,它们都隶属于类的成员。

④除普通成员方法外,类体中的成员方法还包含了两种特殊的方法,即名为_init_()的构造方法和名为_del_()的析构方法(注意:方法名均是以两个下画线开头和结束的)。在类中,可不用定义这两种成员方法,此时,系统会提供一个默认的构造方法与一个默认的析构方法,供用户使用。

⑤当由类创建一个实例对象,并对其进行初始化操作的时候,会调用构造方法_init_()来完成新对象的属性赋值与其他必要的初始化工作;而当类中的某个对象不存在时,系统会自动调用析构方法_del_()来释放对象所占用的资源,进行必要的清理工作。

⑥当 Python 解释器执行 class 语句时,一个称为类的对象就会被创建。

【例5.1】 定义一个 cat 类,用来描述现实世界中的猫。

```python
class Cat:
    count=1    #成员变量
    def _init_(self, name, sex, kind, color):    #构造方法
        self.name=name    #self 中的 name, sex, kind, color 也是成员变量
        self.sex=sex
        self.kind=kind
        self.color=color
    def printInfo(self):    #普通成员方法
        print("昵称:", self.name)
        print("性别:", self.sex)
        print("品种:", self.kind)
        print("毛色:", self.color)
    def barking(self):    #普通成员方法
        print("发出的叫声为喵喵...")
    def hunting(self):    #普通成员方法
        print("正在捕捉老鼠中...")
    def _del_(self):    #析构方法
        print("该对象已经不存在了。")
```

在上述案例中,无论哪种成员方法,方法中都含有一个 self 参数,这个参数代表什么?其实,这体现了类的成员方法(函数)与普通函数的区别。在类的成员方法中,第一个参数必须是一个 self 参数,该参数指向调用当前成员方法的对象。但是,当通过类的实例化对象调

用含 self 参数的成员方法时,该对象本身会被传递给 self 参数。因此,用户不能也无须给 self 参数传递具体的值。

5.2.2　创建类的实例与成员访问

定义好类之后,就可创建类的实例,即生成类的一个具体对象。Python 中按照以下语法格式来创建类的实例,有点类似于函数调用:

对象名=类名(实参列表)

当在内存中,通过上述方式创建类的对象时,系统就会调用构造方法_init_()完成新建对象的初始化工作。此时,系统会将当前新建对象传递给 self 参数,参数列表中的实参值也会依次传递给_init_()的其余形式参数。

例如,由上面的 Cat 类创建一个具体的对象 cat1,代码如下:

cat1=Cat('皮蛋','male','加菲','white')

在创建 cat1 对象时,系统调用构造方法_init_()接收当前对象 cat1,'皮蛋','male','加菲','white'等实参依次传递给 self, name, sex, kind,color 等形式参数。因此,也就知道了 cat1 对象的各个属性值分别为 '皮蛋','male','加菲','white'。

当对象创建好之后,便可访问类中的成员了。这里的成员包含属性和方法,即是类中的成员变量与成员方法。访问类中属性和方法的格式如下:

①对象名.对象的属性名
②对象名.对象的方法名(实参列表)

例如,访问 cat1 对象的各个属性信息以及方法的代码如下:

print("cat1 对象的各个属性信息:", cat1.count, cat1.name, cat1.sex, cat1.kind, cat1.color)

cat1.printInfo()

cat1.barking()

cat1.hunting()

程序运行结果为:

　　cat1 对象的各个属性信息:1 皮蛋 male 加菲 white

　　昵称:皮蛋

　　性别: male

　　品种:加菲

　　毛色: white

　　发出的叫声为喵喵…

　　正在捕捉老鼠中…

如果现在想要删除刚刚已新建好的 cat1 对象,则可使用下面的代码来实现。

print(cat1)

del cat1

程序运行结果为:

　　<Cat. Cat object at 0x00000261B10A7748>

该对象已经不存在了。

因为在删除 cat1 对象之前，cat1 还是存在的，所以打印输出时会显示其在内存中的编号；而一旦执行 del 语句删除 cat1 后，cat1 就不存在了。此时，系统会调用析构方法执行里面的内容，并释放 cat1 对象在内存中所占据的资源。

5.2.3 类的属性

通常采用变量的形式来描述类中的属性。因此，将这样形式的属性称为成员变量。类中的属性分为以下类别：类属性、实例属性、公有属性及私有属性。

1）类属性和实例属性

类属性指的是在类中的成员方法外面定义的成员变量（属性）。类属性隶属于整个类，为类的所有对象所共享。通常有两种方式可以访问和修改类属性：一是通过"类名. 类属性名"的方式，二是通过"对象名. 类属性名"的方式。实例属性是指在构造方法_init_( )中以"self. 变量名"形式定义的成员变量，隶属于当前实例（对象）。在类的内部，可通过"self. 变量名"形式进行访问，而在类的外部（或主程序中），则需要通过"对象名. 实例属性名"的形式进行访问。

例如，在上述 Cat 类定义，cat1 对象生成与成员访问的代码中，构造方法_init_( )中以"self. 变量名"形式定义的成员变量 name，sex，kind，color 为实例属性。在类的成员方法 printInfo( )中，可使用"self. 变量名"形式对实例属性进行访问，在类外部，通过"对象名. 实例属性名"的形式访问了 cat1 对象所含有的各个属性信息；而 count 是在 Cat 类中成员方法外定义的成员变量，因此 count 是类属性。类属性可通过"类名. 类属性名"和"对象名. 类属性名"的形式进行访问，且被类的所有对象所共享。该怎样理解这句话呢？下面在前述代码的基础上，又增添一些代码，展示了类属性与实例属性的访问，具体如下：

```
#访问类属性和实例属性
print("类属性信息为：", Cat. count)
cat2 = Cat('青椒', 'female','中国狸花猫', 'gray')
print("cat2 对象的各个属性信息：",cat2. count,cat2. name,cat2. sex,cat2. kind,cat2. color)
cat2. printInfo( )
cat3 = Cat('虎妞', 'male', '波斯猫', 'gray')
print("cat3 对象的各个属性信息：",cat3. count,cat3. name,cat3. sex,cat3. kind,cat3. color)
cat3. printInfo( )
```

程序运行结果为：

类属性信息为：1

cat2 对象的各个属性信息：1 青椒 female 中国狸花猫 gray

昵称：青椒

性别：female

品种：中国狸花猫

毛色：gray

cat3 对象的各个属性信息：1 虎妞 male 波斯猫 gray

昵称：虎妞

性别：male

品种：波斯猫

毛色：gray

通过 Cat. count 可直接访问类属性的值，初始值为 1，随后生成了两个实例 cat2，cat3，通过 cat2. count 和 cat3. count 也可访问类属性。此时，count 的值为 cat2，cat3 这两个对象共享。因此，输出的 count 值仍为 1。当通过"对象名. 实例属性名"的形式访问各个对象的实例属性时，会发现不同的对象，其实例属性信息是不同的。

对类属性和实例属性，除了访问操作外，还可进行修改操作。例如，在上述代码中增加修改类属性的代码后，具体如下：

Cat. count = 10

print("类属性信息为：", Cat. count)

cat2 = Cat('青椒','female','中国狸花猫','gray')

cat2. count = 20

cat2. sex = 'male'

print("cat2 对象的各个属性信息：",cat2. count,cat2. name,cat2. sex,cat2. kind,cat2. color)

cat2. printInfo( )

cat3 = Cat('虎妞','male','波斯猫','gray')

print("cat3 对象的各个属性信息：",cat3. count,cat3. name,cat3. sex,cat3. kind,cat3. color)

cat3. printInfo( )

程序运行结果为：

类属性信息为：10

cat2 对象的各个属性信息：20 青椒 female 中国狸花猫 gray

昵称：青椒

性别：female

品种：中国狸花猫

毛色：gray

cat3 对象的各个属性信息：10 虎妞 male 波斯猫 gray

昵称：虎妞

性别：male

品种：波斯猫

毛色：gray

为什么会出现这样的结果呢？这主要是因为 Cat. count = 10 将 count 的值由 1 变为了10，所以 cat2. count 和 cat3. count 的值均为 10；但是，因 cat2. count = 20 又改变了当前 cat2 对象的 count 值，因此 cat2. count 的输出显示结果为 20，它仅是改变了当前对象的 count 值，并

未改变类属性的值。因此,count3 的值不变仍为 10。而 cat2. sex = 'male' 可修改 cat2 对象的实例属性 sex,故输出结果就显示为 male。

此外,由于 Python 是一种面向对象的高级动态编程语言。因此,还可动态地为类和对象添加所需的属性和方法。这一点充分体现了 Python 动态类型的特点,与其他面向对象程序设计语言是不同的。例如,下面的代码展示了如何为类和对象动态地添加属性和方法。

```
#为 Cat 类增加类属性 price
Cat. price = 100
print("类属性信息为:", Cat. price)
#为 cat2 对象增加实例属性 character
cat2. character = "温和型"
print("cat2 对象的各个属性信息:",cat2. price,cat2. name,cat2. sex,cat2. kind,cat2. color,
cat2. character)
print("cat3 对象的各个属性信息:",cat3. price,cat3. name,cat3. sex,cat3. kind,cat3. color)
#为 cat3 对象增加成员方法 sleeping( ),并进行调用
def sleeping( self):
    print('正在休息中…')
import types
cat3. sleeping = types. MethodType(sleeping,cat3)
cat3. sleeping( )
print( cat3. character)
```

程序运行结果为:

```
Traceback (most recent call last):
File "D:/IMDB-master/ex1", line 283, in <module>
print( cat3. character)
AttributeError: 'Cat' object has no attribute 'character'
类属性信息为:100
cat2 对象的各个属性信息:100 青椒 female 中国狸花猫 gray 温和型
cat3 对象的各个属性信息:100 虎妞 male 波斯猫 gray
正在休息中…
```

由于 price 为 Cat 类新增加的类属性,初始值为 100。因此,可使用 Cat. price 访问该类属性,结果为 100;而且类属性 price 为 Cat 类的所有对象共享,访问 cat2 与 cat3 对象的属性 price 时结果都是 100;sleeping( )为 cat3 对象新增加的成员方法,可使用 cat3. sleeping( )直接调用。

鉴于容易混淆类属性与实例属性,这里对它们的异同总结如下:

①类属性在类的成员方法外定义,属于整个类,可通过"类名. 类属性名"与"对象名. 类属性名"进行访问与修改。

②当类定义结束后,还可动态地为类增加新的类属性,且它为类的所有对象共享。

③实例属性在构造方法中以"self.属性名"定义的,属于当前对象,在类外可通过"对象名.实例属性名"的形式进行访问和修改。

④当对象在内存中创建好之后,也可动态地为其添加新的属性和方法,并为当前对象所拥有。

2）公有属性与私有属性

与 Java 不同,Python 并未对私有成员的访问提供严格的保护机制。在类中定义属性时,若属性名以两个下画线开头,但不以两个下画线为结尾,那么这样的属性就是私有属性。除了私有属性外,其他的属性都是公有属性。

在类内部的成员方法中,可直接使用私有属性,主要是出于数据封装和保密的目的。但在类的外部,用户不可直接访问类的私有属性。若要访问私有属性,只能通过调用对应的公有方法或 Python 支持的特殊方式进行访问。一般不建议使用 Python 支持的特殊方式来访问私有属性。相较于私有属性,公有属性的访问就不受限制了,它既可在类内部访问,也可在类外部进行访问。

【例 5.2】　为 Rectangle 类定义私有属性与公有属性,并进行访问。

例 5.2

5.2.4　类的方法

除属性外,类中还有另一个成员,这就是方法,一般称为成员方法。在类中定义的成员方法主要有类方法、静态方法、公有方法及私有方法等。

1）类方法与静态方法

类方法是指通过装饰器@ classmethod 来定义的成员方法。类方法中的第一个参数通常是名为 cls 的参数,表示对类的引用。在 Python 中,一般按照以下的语法格式定义类方法:

@ classmethod

def 类方法名(cls,[形参列表]):

　　方法体

说明:

①通常会将 cls 作为类方法的第一个参数的名字,也可使用其他的名字。

②可通过"类名.类方法名(实参列表)"的形式调用类方法。此时,用户就不必为 cls 传递参数了,因系统会自动将当前类传递给它。

③也可通过"对象名.类方法名(实参列表)"的形式调用类方法。此时,系统会将当前对象所属的类传递给 cls 参数。

④在类方法中,可直接访问类属性,但却不能访问隶属于对象的属性。

通过类名和对象名调用类方法的格式如下:

①类名.类方法名([实参列表])

②对象名.类方法名([实参列表])

【例5.3】 定义一个包含类方法的类。

例5.3   例5.4

【例5.4】 定义一个包含类属性与类方法的类。

如果使用装饰器@staticmethod来定义类的成员方法,那么将这样的方法称为类的静态方法。静态方法中不存在默认的必要参数,也不可以直接访问属于对象的属性,但可以访问属于类的属性。在调用静态方法时,用户一般可通过类名和对象名进行调用。这一点与类方法有些类似。定义静态方法的基本语法格式如下:

@staticmethod
def 静态方法名([形参列表]):
   方法体

例5.5

【例5.5】 定义一个包含静态方法与类属性、实例属性的类。

2)公有方法与私有方法

私有方法是指在类中定义的命名以两个下画线开始,但不以两个下画线结束的成员方法,且第一个参数为self,表示对调用该方法的当前对象的引用。在实际调用中,用户不需要为self参数传递数值,系统会自动将当前对象传递给它。除私有方法外,类中的其他成员方法都被称为公有方法。

定义公有方法和私有方法的语法格式基本相同,区别仅在于私有方法和公有方法的命名不同。具体如下:

def 方法名(self,[形参列表]):
   方法体

公有方法可通过类名和对象名来调用,调用格式如下:

①类名.公有方法名(实参列表)

②对象名.公有方法名(对象名,实参列表)

【例5.6】 定义一个含有公有方法的类。

例5.6   例5.7

【例5.7】 定义一个含有私有方法的类。

5.3　类的继承和多态

继承(Inheritance)是面向对象程序设计的一个重要概念,可有效实现代码复用,减少开发工作量。通过继承方式创建的类称为子类(Subclass),被继承的类称为父类、基类或超类(Base class、Super class)。子类拥有父类的属性和方法,并可定义自己的方法和属性,也可覆盖父类的方法和属性。这里需注意,继承是子类与父类之间的关系,不是它们定义的对象之间的关系。

多态(Polymorphism),本意就是指一个事物有"多种状态"。在面向对象程序设计中,主要体现在同一函数调用语句,在不同情况下会执行不同的函数代码,通常包括以下两种情况:

①一个类中可以有多个名字相同但参数不完全相同的方法(也称成员函数),或存在多个同名但参数不同的函数,它们均有各自的代码并实现不同功能,这种通常称为静态多态(也称重载,Overload)。

②不同类(一般是在有继承关系的父类与子类之间)中可以有名称和参数均相同的成员函数,它们通常实现不同的功能,如果能使用同一个变量引用到不同类的对象并能访问这些不同类中的相同方法,这种通常称为动态多态(也称重写,Override)。Python 本身是一种动态语言,具有多态性。但在 Python 程序设计中,由于变量使用前不需要用类型进行声明,而且一个变量可以指向任意类型的对象,不存在引用父类对象的变量指向子类对象的多态体现,同时 Python 不支持根据参数在类型或数量上的不同来区别各个函数的函数重载,其多态的实现方式与 C++,Java 等这类程序设计语言有较大不同,主要包括继承中的方法重写和运算符重载。

5.3.1　类的单继承

在 Python 程序设计中,当需要定义一个新类时,可从某个现有的类继承并增加一些新的属性和方法。新类称为子类,而被继承的类称为基类、父类或超类。通过继承方式定义新类的语法格式如下:

```
class NewClassName(BaseClassName):
    …
```

其中,NewClassName 是子类的名称;BaseClassName 是父类的名称。下面进行举例说明。

首先定义类 BaseA 作为基类,包含一个类属性 info 和一个方法 show_base();然后通过继承类 BaseA 来定义一个子类 SubClassB,并增加自己的方法 show_subclass()。子类 SubClassB 的对象可访问基类的属性 info 和方法 show_base(),也可增加自己的方法 show_subclass(当然,也可增加自己的类属性)。具体代码如下:

```
class BaseA(object):    #定义基类
    info="Base class A"
    def show_base(self):
        print("show_info:", self.info)
class SubClassB(BaseA):    #通过继承 BaseA 来定义子类 SubClassB
    def show_subclass(self):    #增加子类自己的方法
        print("Subclass")
```

在主程序中编写代码实现基类对象,子类对象的创建与成员访问操作,具体如下:

```
objA=BaseA()    #定义基类对象 objA
print(objA.info)    #输出 Base class A
objA.show_base()    #输出 show_info:Base class A
objsubB=SubClassB()    #定义子类对象 objsubB
print(objsubB.info)    #访问从基类继承的属性 info,输出值 Base class A
objsubB.show_base()    #调用从基类继承的方法,输出 show_info:Base class
objsubB.show_subclass()    #调用自己的方法输出 Subclass
```

程序运行结果为:

```
    Base class A
    show_info:Base class A
    Base class A
    show_info:Base class A
    Subclass
```

在 Python 编程中,类不但可以有类属性,还可以在方法中创建实例(对象)属性。通常使用的是在构造方法_init_()(也称函数)中创建实例属性。在继承时,如果子类没有构造方法,那么父类的构造方法会被调用,从而创建实例属性。但是,如果子类和父类都有构造方法,则子类的构造方法会被自动调用,而父类的构造方法不会被自动调用。因此,在这种情况下,必须在子类构造方法中显式调用父类的构造方法,从而让父类构造方法中的代码得以运行并创建实例属性。这样,子类对象才能访问到这些实例属性,否则子类对象只能访问到基类中的类属性。下面举例说明。

先定义一个类 Person 表示人,作为基类。其拥有属性 name(表示姓名)、age(表示年龄)以及一个方法 show_info()显示属性信息。具体代码如下:

```
class Person(object):
    def _init_(self, name,age):
        self.name = name
        self.age = age
    def show_info(self):
        print("姓名:", self.name,"年龄:", self.age)
```

当需要定义类 Student 来表示学生时,因学生具有人的属性,就不需要在 Student 类中重

复写上述两个属性和方法,而可直接从 Person 类继承来。因此,通过继承方式定义类 Student 的代码如下:

```
class Student(Person):    #定义子类
    def _init_(self, studentid, name, age):    #子类初始化方法
        self. studentid = studentid    #创建实例属性 studentid 并赋初值
        Person. _init_(self, name, age)    #用父类类名显示调用父类初始化函数
    def show_info_stu(self):
        #可以访问自己的对象属性 studentid,以及继承来的实例属性 name 和 age
        print("学号:", self. studentid,"姓名:", self. name,"年龄:", self. age)
    def show_info_stu1(self):
        print("学号:", self. studentid)
        self. show_info()    #访问继承自父类的方法
```

在主程序中代码编写如下:

```
objStudent = Student(123,"张三",20)
objStudent. show_info()    #访问父类方法,输出"姓名:张三  年龄:20"
objStudent. show_info_stu()    #访问自己的方法,输出"学号:123 姓名:张三  年龄:20"
objStudent. show_info_stu1()    #访问自己的方法,输出"学号:123" <换行>"姓名:张
三  年龄:20"
```

程序运行结果为:

```
姓名:张三  年龄:20
学号:123  姓名:张三  年龄:20
学号:123
姓名:张三  年龄:20
```

这里有3点说明需要注意:

①子类的构造方法中,必须通过"父类名. 父类方法"形式来显示调用父类的构造方法,否则,父类的构造方法不会执行,其中的实例属性也就不会被创建。上例中,如果去掉语句 Person. _init_(self, name,age),则方法 show_info_stu()中的语句 print("学号:", self. studentid,"姓名:", self. name, "年龄:", self. age)在执行时就会报错"'Student' object has no attribute 'name'",即在 Student 类的对象中没有 name 属性,因该属性是实例属性,没有被创建。

②在子类的方法中,可通过"self. "来访问父类中继承的属性和方法。例如, show_info_stu1 方法中的 self. show_info()语句就是访问父类方法。子类的对象可通过"对象. "来访问继承自父类的属性和方法。上例的代码 objStudent. show_info()就是访问父类方法。

③继承还可以一级一级地继承下来。如果还需要专门定义一个类 senior 来表示大四的学生,则可从 student 类中继承而来,并增加一个 status 属性表示其实习或就业的状态。代码如下:

```
class Person(object):    #定义基类
    def _init_(self, name,age):    #构造方法
```

```python
        self.name = name   #创建实例属性 name 并赋初值
        self.age = age     #创建实例属性 age 并赋初值
    def show_info(self):
        print("姓名:", self.name, "年龄:", self.age)
class Student(Person):   #定义子类
    def _init_(self, studentid, name, age):   #子类构造方法
        self.studentid = studentid   #创建实例属性 studentid 并赋初值
        Person._init_(self, name, age)   #用父类类名显示调用父类构造方法
    def show_info_stu(self):
        #可以访问自己的实例属性 studentid,以及继承来的实例属性 name 和 age
        print("学号:", self.studentid, "姓名:", self.name, "年龄:", self.age)
    def show_info_stu1(self):
        print("学号:", self.studentid)
        self.show_info()   #访问继承自父类的方法
class Senior(Student):   #定义子类
    def _init_(self, status, studentid, name, age):   #子类构造方法
        self.status = status   #创建实例属性 status 并赋初值,表示其实习或就业状态
        Student._init_(self, studentid, name, age)   #用父类类名显示调用父类构造方法
```

在主程序中代码编写如下:

```python
objSenior = Senior(1, 123, "张三", 20)
print(objSenior.name)   #输出"张三"
objSenior.show_info()   #输出"姓名:张三   年龄:20"
```

程序运行结果为:

```
张三
姓名:张三   年龄:20
```

语句 ObjSenior = Senior(1,123,"张三",20)将会自动调用 Senior 类的构造方法,Senior 类的构造方法中显示调用 Student 类的构造方法,Student 类的构造方法中又显示调用 Person 类的构造方法,从而创建实例属性 name 和 age,并被 Senior 类继承。Senior 类的对象 objSenior 可访问父类中的属性和方法,即 objSenior.name 为"张三", objSenior.show_info() 语句输出"姓名:张三   年龄:20"。

Python 中,可使用 isinstance 来判断某个对象是否属于某个类。上例中,因为 Senior 类从 student、person 类继承来,所以它属于 Senior, Student, Person 类。

```python
print(isinstance(objSenior, Senior))   #输出 True
print(isinstance(objSenior, Student))    #输出 True
print(isinstance(objSenior, Person))   #输出 True
```

程序运行结果为:

```
True
```

```
True
True
```

但是,如果定义一个 student 类的对象,则它属于 Student 和 Person 类,但不属于 Senior 类。

```
objstu = Student(124,"李",21)
print(isinstance(objSenior, Student))    #输出 True
print(isinstance(objstu, Senior))    #输出 False
```

程序运行结果为:

```
True
False
```

5.3.2　类的多继承

一个子类还可同时继承多个父类。例如,一个子类同时继承来自两个类:Base1,Base2。语法格式如下:

```
class subClass(Base1, Base2):
    …
```

当创建一个子类 subClass 的对象后,它就可拥有 Base1 和 Base2 的属性和成员,以及 SubClass 自己的属性和成员。

【例 5.8】　创建两个基类:BaseA 和 BaseB,并分别在其构造方法中建立 a 和 b 两个实例属性,然后创建继承自基类 BaseA 和 BaseB 的派生类 SubC,最后生成派生类 SubC 的对象 objsubc 来访问 a,b 这两个属性。

```
class BaseA(object):    #定义基类 BaseA
    def _init_(self, a):
        print("初始化 BaseA")
        self.a = a
class BaseB(object):    #定义基类 BaseB
    def _init_(self, b):
        print("初始化 BaseB")
        self.b = b
class SubC(BaseA, BaseB):    #定义派生类 SubC
    def _init_(self, a, b):
        print("初始化 SubC")
        BaseA._init_(self, a)
        BaseB._init_(self, b)
    def getsum(self):
        self.c = self.a+self.b
        return self.c
```

在主程序中代码编写如下：

objsubc = SubC(1,2)

print(objsubc. a+objsubc. b)　#直接访问父类属性,输出结果3

print(objsubc. getsum())　#通过自己的方法去访问父类属性,输出结果3

程序运行结果为：

初始化 SubC

初始化 BaseA

初始化 BaseB

3

3

在多继承中,有以下一些问题需要注意：

1)属性重名

上述代码中,如果修改 BaseB 的属性名称为 a,与 BaseA 的属性名称相同,则因 BaseB 后初始化,BaseA 的属性 a 将被隐藏,无法被 objsubc 访问;反之,如果先执行 BaseB. _init_(self, b),再执行 BaseA. _init_(self, a),则 BaseB 的属性 a 将被隐藏,代码如下：

```
class BaseA(object)：　#定义基类
    def _init_(self, a)：
        print("初始化 BaseA")
        self. a = a
class BaseB(object)：　#定义基类
    def _init_(self, b)：
        print("初始化 BaseB")
        self. a = b
class SubC(BaseA, BaseB)：　#定义子类
    def _init_(self, a, b)：
        print("初始化 SubC")
        BaseB. _init_(self, b)
        BaseA. _init_(self, a)
    def geta(self)：
        print(self. a)
```

在主程序中代码编写如下：

objsubc = SubC(1,2)　#1 赋值给类 BaseA 中的对象属性 a,2 赋值给类 BaseB 中的对象属性 b

objsubc. geta()　#结果为 1,基类 BaseB 的属性 a 为 2,但被隐藏了

程序运行结果为：

初始化 SubC

初始化 BaseB

初始化 BaseA

1

实际上,因实例属性名是一个变量,可指向任意数据对象,故给其赋值就是让其指向一个新的对象。当多个类的类属性或实例属性重名时,无须去考虑这个属性究竟是属于哪个类的问题,而只需要知道该对象有这么一个属性;在构造函数中,最后一次对该属性赋值是什么,那么通过对象访问该属性时,就能获取这个值。后续代码中,可任意地对这个属性赋值和获取值。

2)多个父类方法重名

对多个父类具有同名且参数相同的方法,则是按照定义子类时参数表中类的顺序去依次查找第一个匹配的方法。下面代码中,BaseA 和 BaseB 具有无参数的 disp 函数,因定义子类时用的 class SubC(BaseA, BaseB),BaseA 在前,故 objsubc. disp( )调用到 BaseA 的 disp 函数,输出为 It's BaseA。如果将 class SubC(BaseA, BaseB)修改为 class SubC(BaseB, BaseA),则输出变为 It's BaseB。

```
class BaseA(object):    #定义基类
    def _init_(self, a):
        print("初始化 BaseA")
        self. a=a
    def disp(self):
        print("It's BaseA")
class BaseB(object):    #定义基类
    def _init_(self, b):
        print("初始化 BaseB")
        self. a=b
    def disp(self):
        print("It's BaseB")
class SubC(BaseA, BaseB):    #定义子类
    def _init_(self, a, b):
        print("初始化 SubC")
        BaseA. _init_(self, a)
        BaseB. _init_(self, b)
```

在主程序中代码编写如下:

```
objsubc=SubC(1,2)
objsubc. disp( )    #输出为 It's BaseA
```

程序运行结果为：

初始化 SubC

初始化 BaseA

初始化 BaseB

It's BaseA

5.3.3　方法重写

当父类与子类方法重名也称方法重写，是一种多态的表现。与 Java 程序设计语言不同，Python 并不支持函数重载。因此，即使父类与子类重名的方法所含的参数个数不同，也是优先调用根据名字最先找到的那个方法。

下面展示了方法重写的案例，具体代码如例 5.9 所示。该案例中，子类与父类具有名字和参数均相同的方法 disp( )。当用子类对象调用 disp( )方法时，只能访问到子类的 disp( )方法，不能访问父类的方法 disp( )。当然 BaseA 的对象调用 disp( )方法，将访问 BaseA 类的 disp( )方法。

在子类的方法中，可采用指定父类名. 父类方法(self, ...)来访问指定父类的方法。还可采用 super( ). 父类方法( )来访问父类方法；但存在多个父类具有重名且参数完全相同的方法时，super( )函数则采取一种称为方法解析顺序(Method Resolution Order, MRO)的策略去依次搜索父类并找到第一个匹配的方法执行。代码中，因采用 class SubC(BaseA, BaseB)定义子类，故 super( ). disp( )是找到 BaseA 中的 disp( )方法并执行。

【例 5.9】　下面展示方法重写。

```python
class BaseA(object):   #定义基类
    def _init_(self, a):
        print("初始化 BaseA")
        self. a = a
    def disp(self):
        print("It's BaseA")
class BaseB(object):   #定义基类
    def _init_(self, b):
        print("初始化 BaseB")
        self. a = b
    def disp(self):
        print("It's BaseB")
class SubC(BaseA, BaseB):   #定义子类
    def _init_(self, a, b):
        print("初始化 SubC")
        BaseA. _init_(self, a)
```

```
        BaseB. _init_(self, b)
    def disp(self):
        print("It's SubC")
    def dispBase(self):
        print("-----display base-----")
        BaseA. disp(self)    #直接调用父类 BaseA 中的 disp()方法
        BaseB. disp(self)    #直接调用父类 BaseB 中的 disp()方法
        super(). disp()    # super()函数根据顺序搜索到 BaseA 类中的 disp()方法
```

在主程序中编写代码如下：

```
objsubc = SubC(1,2)
objsubc. disp()    #访问自己的方法 disp(),输出为 It's Subc
objsubc. dispBase()
```

程序运行结果为：

```
初始化 SubC
初始化 BaseA
初始化 BaseB
It's SubC
-----display base-----
It's BaseA
It's BaseB
It's BaseA
```

在编程中,需要尽量避免这种多个父类具有同名属性或同名方法的情况出现。而方法重写(即子类与父类方法重名),则是经常需要的。

在上述案例中,如果给 SubC 类中的 disp 方法增加一个参数 info,语句 objsubc. disp()并不会调用到父类 BaseA 的 disp 方法,而是得到出错信息: missing 1 required positional argument: 'info'。原因是:Python 不支持函数重载,只根据名字去查找被调用的方法,就找到 SubC 类中的 disp(self, info)方法并调用,但因没有给方法所需要的 info 变量传递参数,故报错。当然,如果去掉 SubC 类中的 disp 方法,则语句 objsubc. disp()会调用父类 BaseA 的 disp 方法。

```
class SubC(BaseA, BaseB):    #定义子类
    def _init_(self, a, b):
        print("初始化 SubC")
        BaseA. _init_(self, a)
        BaseB. _init_(self, b)
    def disp(self, info):    #要求提供一个参数 info
        print("It's SubC", info)
```

objsubc. disp( )　#语句将出错,正确的调用方法是 objsubc. disp(″hello″)

5.3.4　多　态

Python 是动态语言,变量可以指向任意类型对象,并访问对象中的属性和方法。因此,很自然就具有同一个语句可以访问不同方法(或函数)中代码的多态性。下列代码中 obj. fly( )语句根据 obj 指向的不同对象调用不同类中的同名方法 fly( )。

```
class Bird(object)：　#定义基类
  def fly(self)：
    print("Yes")
class Cat(object)：　#定义基类
  def fly(self)：
    print("No")
```

在主程序中代码编写如下：

```
objBird = Bird( )
objCat = Cat( )

obj = objBird
obj. fly( )　#执行 Bird 的 fly 方法

obj = objCat
obj. fly( )　#执行 Cat 的 fly 方法
```

程序运行结果为：

```
Yes
No
```

同样,也是因 Python 变量可指向任意类型对象,且变量使用前不需要先申明类型,可将不同对象传递给函数,函数中的代码中只包含参数名,而不管其运行时指向什么类型对象,从而实现运行时的多态性。下列代码中,相同的函数调用语句 flytest(obj)根据运行时参数指向的对象不同,将执行不同对象中的方法。

```
class Bird(object)：　#定义基类
  def fly(self)：
    print("Yes")
class Cat(object)：　#定义基类
  def fly(self)：
    print("No")

def flytest(obj)：
```

　　obj. fly( )

在主程序中代码编写如下：

objBird = Bird( )

objCat = Cat( )

obj = objBird

flytest(obj)　　#将调用 Bird 的 fly 方法

obj = objCat

flytest(obj)　　#将调用 Cat 的 fly 方法

程序运行结果为：

　　Yes

　　No

5.3.5　内置函数与运算符重载

　　Python 提供了大量的运算符和内置函数,如算数运算符、关系运算符、str( )函数、len( )函数等,可对多种内置类型的对象进行操作。由于在定义类时,其中的属性是什么含义,以及相关操作对类的实例属性有什么样的意义,都是由用户自己确定的。因此,这些运算符和内置函数无法直接对用户对象进行操作。这些运算符本质上也是函数,运算中的操作数就是函数处理的参数。尽管 Python 不支持函数重载,但可通过一定的机制让这些内置函数和运算符能对用户定义类型对象进行操作。主要的实现方法就是要求用户在定义类的时候,针对不同的运算符和内置函数实现对应的特定方法。当使用运算符和内置函数对这些对象执行操作时,就调用这个对象中的特定方法来处理并返回结果。

　　这些特定方法都是以双下画线开头和结尾,类似于 X 的形式。当使用 Python 的内置函数和运算符操作类对象时,就会去搜索并调用对象所属类中的对应方法来完成操作,从而实现重载的效果。

1)常用的 str( )和 len( )函数的重载

　　前面定义了 Person 类,如果直接对这个类的对象使用 str( )函数,或使用 print( )函数去输出这个类的对象的信息(print 函数对非字符串类型的对象也是调用 str( )函数将其转换为字符串),得到的是这个对象所在内存的地址信息字符串而不是期望的对象属性相关信息。如果使用 len( )函数处理该类的对象,则会得到错误信息"object of type 'Person' has no len( )"。代码如下：

```
class Person(object)：  #定义基类
    def _init_(self, name,age)：  #初始化方法
        self. name = name   #创建实例属性 name 并赋初值
```

```
        self. age  =  age    #创建实例属性 age 并赋初值
    def show_info(self):
        print("姓名:", self. name,"年龄:", self. age)
obj1 = Person("张三",20)
print(str(obj1))    #或者 print(obj1),输出对象 obj1 在内存中的地址
print(len(obj1))    #出错 object of type 'Person' has no len()
```
程序运行结果为:

    <Person object at 0x00000207730ED898>

    TypeError: object of type 'Person' has no len()

为了用 str( )函数得到 Person 类对象中的姓名和年龄,可在 Person 类中实现_str_方法。那么,str( )函数就会查找到该方法,通过 Person 类的对象来调用_str_方法,并获得返回需要的字符串。有一点需要明确,用户定义_str_方法时,通过 return 语句来返回什么内容;理论上说,也可返回非字符串的内容,甚至没有 return 语句,方法本身和调用语句都没有语法错误,但没有什么意义,而且可能导致调用这个方法的语句逻辑错误。同样,实现_len_方法,则可使用 len( )函数来返回用户自行确定的数据。如果希望 str(obj1)返回"姓名:张三;年龄:20", len(obj1)返回其年龄整数值,则实现_str_和_len_方法的代码如下:

```
class Person(object):   #定义基类
    def _init_(self, name,age):  #初始化方法
        self. name  =  name   #创建实例属性 name 并赋初值
        self. age  =  age   #创建实例属性 age 并赋初值
    def show_info(self):
        print("姓名:", self. name,"年龄:", self. age)

    def _str_(self):
        return "姓名:{0};年龄:{1}". format(self. name, self. age)
    def _len_(self):
        return self. age
obj1 = Person("张三",20)
print(str(obj1))    #输出   姓名:张三;年龄:20
print(len(obj1))    #输出 20
```
程序运行结果为:

  姓名:张三;年龄:20

  20

2)算术运算符号的重载

假设创建了 3 个 Person 类的对象 obj1,obj2,obj3。如果希望使用加号+来处理它们,也

可通过重载实现。因有多种加法运算表达式,不同的方式需要重载不同的方法,在实施前需要确定好需求。

方式1:如果希望执行obj1+obj2,返回两个对象中年龄的和,则需要在Person类中实现_add_(self,objPerson)方法,并返回两个年龄相加的整数值。执行加法运算时,由obj1调用其_add_方法,加号之后的对象赋值给该方法的参数objPerson,实现的代码如下:

```
class Person(object):   #定义基类
    def _init_(self, name,age):  #初始化方法
        self. name = name   #创建对象属性name并赋初值
        self. age = age   #创建对象属性age并赋初值
    def show_info(self):
        print("姓名:", self. name,"年龄:", self. age)
    def _add_(self,objPerson):   #执行两个Person对象相加时,执行本方法。加号之后
的对象赋值给objPerson
        return self. age+objPerson. age
obj1 = Person("张三",20)
obj2 = Person("李四",21)
print(obj1+obj2)   #输出41
```

程序运行结果为:

```
41
```

方式2:如果希望执行obj1+obj2,返回新的Person对象,其中姓名为obj1和obj2的姓名相连接,年龄为他们年龄之和,即执行obj3 = obj1+obj2,obj3是指向一个存放结果的Person对象。实现_add_(self,objPerson)方法的代码需修改如下:

```
class Person(object):   #定义基类
    def _init_(self, name,age):  #初始化方法
        self. name = name   #创建对象属性name并赋初值
        self. age = age   #创建对象属性age并赋初值
    def _str_(self):
        return "姓名:{0};年龄:{1}". format(self. name, self. age)
    def _add_(self,objPerson):
        obj = Person("",-1)
        obj. name = self. name+objPerson. name
        obj. age = self. age+objPerson. age
        return obj   #根据要求,返回一个Person对象
obj1 = Person("张三",20)
obj2 = Person("李四",21)
obj3 = obj1+obj2   #将返回的Person对象赋值给obj3
```

print(obj3)　　#输出　　姓名:张三李四;年龄:41

程序运行结果为:

　　姓名:张三李四;年龄:41

　　<Person object at 0x0000022E8D056710>

方式3:如果希望执行 obj1+整数,返回新的 Person 对象,其中姓名为 obj1 的姓名,年龄为 obj1 的年龄与整数的和,即执行 obj3 = obj1+整数,obj3 是指向一个存放结果的 Person 对象,则可实现_add_(self, arg)方法,代码修改如下:

```
class Person(object):　　#定义基类
    def _init_(self, name,age):　　#初始化方法
        self. name = name　　#创建对象属性 name 并赋初值
        self. age = age　　#创建对象属性 age 并赋初值
    def _str_(self):
        return "姓名:{0};年龄:{1}". format(self. name, self. age)
    def _add_(self, arg):
        obj = Person("",-1)
        obj. name = self. name
        obj. age = self. age+arg
        return obj
obj1 = Person("张三",20)
obj3 = obj1+3
print(obj3)　　#输出　　姓名:张三;年龄:23
```

程序运行结果为:

　　姓名:张三;年龄:23

方式4:如果希望执行整数+obj1,返回新的 Person 对象,其中姓名为 obj1 的姓名,年龄为 obj1 的年龄与整数的和,即执行 obj3 = 整数+obj1,obj3 是指向一个存放结果的 Person 对象,则需要实现_radd_(self, arg)方法,而不是_add_(self, arg)方法。加号将查找并调用 obj1 对象的_radd_方法,并把整数赋值给 arg 参数,代码如下:

```
class Person(object):　　#定义基类
    def _init_(self, name,age):　　#初始化方法
        self. name = name　　#创建对象属性 name 并赋初值
        self. age = age　　#创建对象属性 age 并赋初值
    def _str_(self):
        return "姓名:{0};年龄:{1}". format(self. name, self. age)
    def _radd_(self, arg):
        obj = Person("",-1)
        obj. name = self. name
```

```
        obj. age = self. age+arg
        return obj
obj1 = Person("张三",20)
obj3 = 3+obj1
print(obj3)    #姓名:张三;年龄:23
```
程序运行结果为:
```
    姓名:张三;年龄:23
```
方式 5:如果希望执行 obj1+=整数,实现更新 obj1 中的年龄为原年龄与整数之和,则需要实现_iadd_(self, arg)方法,代码如下:
```
class Person(object):    #定义基类
    def _init_(self, name,age):    #初始化方法
        self. name = name    #创建对象属性 name 并赋初值
        self. age = age    #创建对象属性 age 并赋初值
    def _str_(self):
        return "姓名:{0};年龄:{1}". format(self. name, self. age)
    def _iadd_(self, arg):
        self. age = self. age+3
        return self
obj1 = Person("张三",20)
obj1 += 3
print(obj1)    #姓名:张三;年龄:23
```
程序运行结果为:
```
    姓名:张三;年龄:23
```

5.4　案例实战

【例 5.10】　使用类和对象相关知识来实现一个简易的学生信息管理系统,对学生的基本信息进行增加、删除、修改及查询等基本操作。

例 5.10

例 5.11

【例 5. 11】 建立一个 Animal 类,然后由其作为基类,派生出 Cat, Dog, Panda, Tiger 等子类,使它们表现出不同的食物喜好以及鸣叫声。

本章小结

通过本章的学习,一方面可温习巩固面向对象程序设计的基本概念与特性,另一方面,能熟练掌握如何使用 Python 实现类的定义、类的实例创建、类的属性与方法访问,类的单继承与多继承、方法重写、类的多态,以及函数、运算符重载,这也为后续使用面向对象程序设计方法开发与设计大型软件奠定良好的基础,可有效地组织程序代码,使其具有更强的可读性、重用性和维护性,从而降低程序的开发难度。

练习题 5

练习题 5

第 6 章　Python 文件与目录操作

在应用程序中,通常需要编写代码实现输入数据的接收、存储、处理及数据处理结果的输出功能。若将这些输入数据与输出数据存储在内存中的变量里,那么当程序运行结束或断电时,这些数据就都消失了。为此,可采用文件技术实现数据的永久存储,也就是说以文件的形式将数据保存在非易失性存储介质中,如移动硬盘、磁盘、光盘、U 盘及云盘等。这样,程序便会从文件读入数据,并在运行时接收用户输入数据,对数据进行处理,输出处理结果到屏幕中,还可将以后再次使用的数据永久存储在文件中。

本章主要讲述以下知识点:

①文件的相关概述,如文件与目录的基本概念,文件的路径(绝对路径与相对路径),以及文件的类型(二进制文件与文本文件)。

②文件的基本操作,如文件的打开、读取、定位、写入与关闭,以及二进制文件的读取与写入操作。

③文件的高级操作,如通过 os, os. path, shutil 模块实现读取文件属性信息,给文件重命名,以及对文件进行复制、移动与删除等功能。

④目录的操作,如通过 os, os. path, shutil 模块实现目录创建、删除、遍历、复制、移动与重命名等功能。

6.1　文件概述

1)文件与目录的基本概念

文件是指存储在非易失性存储介质(移动硬盘、磁盘、光盘、U 盘及云盘等,也称外部介质)中的一组相关信息的集合,同时也是 Windows 中最基本的信息存储单位。若要访问文件里的数据,首先需要依据文件名在外部介质中找到文件,然后从文件里读取数据,做进一步处理。那么,文件的名字是怎样的呢?

文件的名字由主文件名与扩展名构成,并以“.”隔开。其中,主文件名一般由英文字符、汉字、数字及符号组成,至多能包含 255 个字符(包括盘符和路径);而扩展名用于指明文件

Python程序设计

的类型,如.txt代表文本文件,.doc代表Word文档,.ppt代表演示文稿,.excel代表电子表格软件,.bmp代表图像文件,.sql代表数据库文件,.exe代表可执行文件,而.mp3与.mp4则分别代表音频与视频文件。以"F:\database\stu_info.sql"为例,它表示在F盘下的database下方存放了一个数据库文件stu_info.sql,这里的F:\database\stu_info为主文件名,sql表示为文件类型-数据库文件,而F:\database\stu_info.sql也表示了该文件的路径。

在上述文件路径中,F:\为根文件夹,它包含F盘下所有的文件和文件夹,且每个文件夹中既可包含文件,也可包含其他子文件夹。图6.1展示F盘下文件夹database中所含有的文件与子文件夹等信息。其中,子文件夹stu中包含了文件boo.txt,sun.jpg,如图6.2所示。

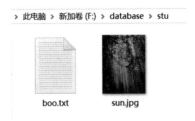

图6.1　F盘下文件夹database中所含内容

图6.2　文件夹database下子文件夹stu中所含内容

一个计算机系统中含有大量的文件,为了对其有效存取与管理,建立了文件的索引,即文件名和文件物理位置之间的映射关系,这种索引称为文件目录。通过文件目录,可对文件实现按名存取。文件目录是由文件目录项组成的,可分为一级目录、二级目录和多级目录。在多级目录结构中,每个磁盘有一个根目录,根目录里可包含若干子目录和文件,而子目录里也可包含若干文件与下一级子目录。由于多级目录结构具有对不同类型、功能的文件进行分类储存,方便文件管理和查找,以及允许不同文件目录中文件具有相同的文件名等优点。因此,它在Windows、UNIX、Linux,DOS等操作系统中被广泛采用。在这些操作系统中,所有文件都被存储在多级文件夹(也称目录)中,这些文件和文件夹组合一起统称文件系统。

2)文件的路径

文件的路径是指文件在外部介质中的存储位置,一般分为绝对路径和相对路径。文件的绝对路径指的是文件在外部介质上真正存在的路径,完整地描述了文件的存储位置,从盘符开始。例如,上述的"F:\database\stu_info.sql"就表示为文件的绝对路径。不需要任何附加信息,通过绝对路径就可得知文件stu_info.sql的存储位置。文件的相对路径是指从当前路径开始的路径,如当前路径为"F:\database",那么描述文件路径"F:\database\stu\book.txt"时,就可使用相对路径"stu\book.txt"来描述了。由此可知,文件的相对路径描述简单些,且使用方便。

·138·

3）文件的类型

通过文件的扩展名了解了很多不同类型的文件，那么这些文件按照编码形式一般划分为两大类文件类型，即文本文件和二进制文件。

（1）文本文件

文本文件是基于字符编码的文件，一般采用定长编码（如 ASCII 编码与 UNICODE 编码），但有时也会使用非定长编码，如 utf-8。本质上，它是由若干行字符（这些字符可以是英文字母，汉字，数字等）构成的计算机文件，其中每一行以换行符"\n"结尾，而最后一行后则放置表明文件结束的标志"EOF"。在 Windows 平台中，常见的.txt，.ini，.log 等文件都隶属于文本文件。文本文件在任何情况下都是可读的，可由像记事本、NotePad++、Vim 这样的文本文件编辑器打开，浏览文件里显示的内容，并进行阅读与理解，同时也可进行编辑。

（2）二进制文件

二进制文件是基于值编码的文件，而且是变长编码，即可自定义多少比特位代表一个值。前面提到的 Word 文档、Excel 文档、数据库文件、可执行文件、图形图像文件、音频与视频文件等都隶属于二进制文件。二进制文件不可以由文本文件编辑器进行打开，而是需要一个具体的文件解码器，才可对其中的内容进行相应的编辑操作，如查看、修改等。不同的二进制文件，所使用的文件解码器不同。例如，docx 文件需要通过软件才可以打开。如图 6.3 所示，使用记事本打开一个 Word 文件 word.docx，打开后，用户看到的是一堆乱码。当使用 WPS 或 Word 软件打开时，则可看到正确的内容，如图 6.4 所示。

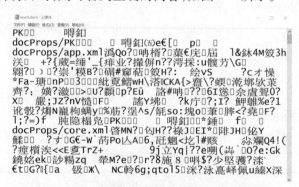

图 6.3　二进制文件无法使用文本编辑器打开查看

图 6.4　使用 WPS office 软件打开 word.docx

6.2　文件的基本操作

关于文件的操作使用,在日常生活中都有过接触。例如,在使用 Word 文档时,首先会选用 WPS 等应用程序新建一个 Word 文档并打开,然后可读取文档里的内容,也可通过定位向文档指定位置处写入新内容,或修改、删除某部分内容,最后操作完毕后,会及时关闭该文档。文件的使用主要包含以下基本操作:文件的创建、打开、读取、定位、写入、修改、删除及关闭等。

在 Python 中,主要通过以下 3 个步骤实现对文件的基本操作:

①使用 open( )函数以指定模式打开或建立一个文件,并返回一个文件对象,即 file 对象。

②使用文件对象(file 对象)的一些方法对文件的内容进行读取、写入、修改及删除等基本操作。

③使用文件对象的 close( )函数实现文件的关闭。

6.2.1　文件打开

Python 中提供了内置函数 open( )用于打开或建立文件,并返回一个文件对象(file 对象)。该函数包含了很多参数,具体形式如下:

open(filename,[mode = ′r′, buffering = −1, encoding = None, errors = None, newline = None, closefd = True, opener = None])

参数说明:

①filename,它是一个必选参数,指明了用户需要打开或者创建的文件名称,可使用文件的相对路径或绝对路径来描述。

②mode,它是一个可选参数,指明了文件打开时所采用的模式,取值范围见表 6.1。

表 6.1　常见的文件打开模式

模式名称	功能描述
′r′	读模式(默认模式,可省略)。以只读形式打开文件,当文件不存在时,会出现异常现象
′w′	写模式。如果文件已存在,先清空文件原有内容再打开,若文件不存在,则先创建文件再打开
′x′	写模式,新建一个文件。如果文件已存在,以此模式打开会出现异常
′a′	追加模式。如果文件已存在,新的内容将会被写入已有内容之后。如果文件不存在,创建新文件打开后进行内容写入
′b′	二进制模式。通常与其他模式一起使用,如 rb,wb 等

模式名称	功能描述
′t′	文本模式,也是一种默认模式
′+′	读/写模式,通常与其他模式一起使用,如 r+,rb+,w+,wb+,a+,ab+等

说明:

①′r′与′t′都是默认模式,可省略不写,表示默认情况下以只读形式打开文本文件。

②若要打开二进制文件,则可将 mode 的值设置为′b′。它通常与其他模式组合在一起使用。如 rb 表示以二进制格式打开一个文件用于只读;wb 表示以二进制格式打开一个文件只用于写入。

③′+′表示对文件进行读和写是可行的,通常也会与其他模式组合在一起使用。如 r+表示打开一个文件用于读写,rb+表示以二进制格式打开一个文件用于读写,w+表示打开一个文件用于读写,wb+表示以二进制格式打开一个文件用于读写,这些模式均表示从文件开头处进行读写操作的。也就是说,文件打开时文件指针的初始位置是在文件头。

④a+表示打开一个文件用于读写,ab+表示以二进制格式打开一个文件用于追加。如果文件不存在,创建新文件用于读写;否则,会以追加模式打开文件,并在文件的结尾处展开读写操作。也就是说,文件打开时文件指针的初始位置是在文件尾。

(3)对于初学者来说,只需要掌握前两个参数的使用即可。

下面以具体案例来说明如何使用 open( )函数实现打开或建立一个文件。

【例6.1】　请以只读方式打开 F 盘下 database 文件夹下方的一个文本文件 notebook. txt,并返回文件对象 f1。

>>> f1 = open(′F:\\database\\notebook. txt′, r)

程序运行结果未出现错误,说明文件已正常打开了。f1 为文件对象,后续可通过该对象中的一些函数进行文件内容读取及文件关闭等操作。如果该路径下的 notebook. txt 文件不存在时,程序运行结果会因出现异常而报错。

【例6.2】　请以二进制方式打开 F 盘下 database 文件夹下方的一个文件 sun. jpg 进行写入操作,最后返回文件对象 f2。

>>> f2 = open(′F:\\database\\sun. jpg′,′wb′)

程序运行结果未出现错误,说明文件已正常打开了。f2 为文件对象,后续可通过该对象中的一些方法进行文件内容写入、修改、删除以及文件关闭等操作。如果该路径下的 sun. jpg 文件不存在时,程序正常运行,且在 F:\\database 路径下创建一个新文件 sun. jpg。

6.2.2　文件的读取与定位

通过 open( )方法打开或建立一个文件,并获取文件对象后,就可基于该文件对象对文件内容进行读取、写入、修改及删除等的操作。文件对象包含了一些常见的属性和方法,见表 6.2 和表 6.3。

表 6.2　文件对象的常见属性

属　性	含　义
closed	用于判别文件是否关闭,如果文件已关闭则返回 True,否则返回 False
mode	用于获取当前文件打开时的访问模式
name	用于获取当前文件的名称信息

下面程序展示了如何通过使用 file 对象的常用属性获取文件的基本信息。

#打开一个文件

f3 = open("F:\\database\\stu\\boo. txt", "wb+")

print("当前文件的文件名: ", f3. name)

print ("当前文件打开时访问模式: ", f3. mode)

print ("当前文件是否已关闭: ", f3. closed)

程序运行结果为:

　　当前文件的文件名: F:\database\stu\boo. txt

　　当前文件打开时访问模式: rb+

　　当前文件是否已关闭: False

表 6.3　文件对象的常见方法

方　法	功能描述
read([size])	从文件中读取 size 个字节或字符的内容,然后将其作为结果返回。如果 size 的值未给定或给定负值时,则表示读取文件中的所有内容
readline()	从文件中读取一行的内容作为结果返回
readlines()	读取文件中的每一行内容,并将其作为字符串存入列表中,然后返回列表。当文件较大时,占据的内存空间会很大,此时,不建议使用它读取文件内容
write(str)	向文件中写入字符串 str
writelines(seq)	向文件中写入字符串序列 seq,且不加换行符
seek(offset[, from])	移动文件指针的位置。从文件中 from 所示的位置开始将文件指针移动 offset 表示的字节数,这里的 from 取值有 0,1,2。其中,0 表示文件的开头,1 表示文件的当前位置,2 表示文件的末尾
tell()	获取文件指针的当前位置
close()	关闭文件,并释放掉文件对象

通过文件对象中的 read([size]),readline(),readlines()方法,可实现文件内容的读取操作;通过文件对象中的 tell(),seek(offset[, from])方法,则可实现文件的定位操作,即获取文件指针的当前位置。下面的程序展示了如何使用上述方法进行文件定位,并读取文件中的部分或全部内容。

　　>>> f4 = open("F:\\database\\stu\\boo. txt", "r")　　#以只读方式打开文件 boo. txt

```
>>> f4.read()  #读取文件 boo.txt 中的全部内容
```
'清华大学计算机系 2020 年春季学期开设的 100 多门课程采用在线教学的方式进行,从第一周开始 100% 的到课率,到 14 个教学周快结束时的 85%,平均到课率是 92.33%。\n"教学效果我们自认为满意,反馈也比较好。我认为这是我做教学主管 6 年以来,对教学质量提升最有效、最有意义的一个学期。'

```
>>> f4.tell()  #获取当前文件指针的位置
259
```

当读取完文件中所有内容时,文件指针会指向文件结尾处,此时,再调用 read() 读取内容,结果为''。因此,还需要使用 seek(offset[,from]) 方法将文件指针移动到合适的位置,才可以读取出内容来。

```
>>> f4.seek(20,0)  #从文件起始位置开始将文件指针移动 20 字节
20
>>> f4.read(10)  #读取文件 boo.txt 中 10 个字符的内容
'年春季学期开设的 10'
>>> f4.readline()  #读取文件 boo.txt 中的一行内容
```
'0 多门课程采用在线教学的方式进行,从第一周开始 100% 的到课率,到 14 个教学周快结束时的 85%,平均到课率是 92.33%。\n'

```
>>> f4.readline()  #再次读取文件 boo.txt 中的一行内容
```
'"教学效果我们自认为满意,反馈也比较好。我认为这是我做教学主管 6 年以来,对教学质量提升最有效最有意义的一个学期。'

```
>>> f4.tell()  #获取当前文件指针的位置
259
>>> f4.seek(0,0)  #从文件起始位置开始将文件指针移动 0 字节
0
#使用 readlines() 读取文件中的每一个行内容,返回结果为字符串列表
>>> content=f4.readlines()
>>> content
```
['清华大学计算机系 2020 年春季学期开设的 100 多门课程采用在线教学的方式进行,从第一周开始 100% 的到课率,到 14 个教学周快结束时的 85%,平均到课率是 92.33%。\\n\n', '教学效果我们自认为满意,反馈也比较好。我认为这是我做教学主管 6 年以来,对教学质量提升最有效最有意义的一个学期。']

```
#使用 for 循环输出显示字符串列表中的每一个字符串信息
for line in content:
    print(line)
```
程序运行结果为:

　　清华大学计算机系 2020 年春季学期开设的 100 多门课程采用在线教学的方式进行,
　　从第一周开始 100% 的到课率,到 14 个教学周快结束时的 85%,平均到课率是

92.33%。\n

″教学效果我们自认为满意,反馈也比较好。我认为这是我做教学主管 6 年以来,对教学质量提升最有效最有意义的一个学期。

6.2.3　文件的写入

若要向文件中写入内容,则需要确保文件打开时所采用的模式中含有'w'与'a',否则无法对其进行写入操作。通常使用 write( )和 writelines( )方法来实现文件的写入操作,且在执行文件写入操作时,不允许执行文件读取操作。

【例 6.3】　分别以写模式和追加模式打开 F:\database 下的文本文件 notebook. txt,使用 write( )方法往该文件里写入字符串内容"Put something into the existing file by using write( )!"。

例 6.3　　　　　　　　　例 6.4

【例 6.4】　分别以写模式和追加模式打开 F:\database 下的文本文件 notebook. txt,使用 writelines( )方法往该文件里写入字符串序列。

6.2.4　文件关闭

当对文件执行完打开,读取与写入等相关操作后,还需养成良好习惯,对文件进行及时关闭,以有效保存文件里的内容,不致丢失。通常使用 close( )方法和 with 语句来关闭文件。

1) close( )方法

当一个文件对象的引用被重新指定给另一个文件时,需要先关闭之前的那个文件,可调用 close( )方法来实现。

【示例 1】

```
#打开一个文件
>>> f = open("F:\\database\\stu\\boo. txt", "r")
>>> print ("文件名:", f. name)
  文件名: F:\database\stu\boo. txt
>>> print(fp. readline( ))   #读取一行信息
```

　　清华大学计算机系 2020 年春季学期开设的 100 多门课程采用在线教学的方式\n 进行,从第一周开始 100% 的到课率,

```
#关闭打开的文件
>>> f. close( )
```

虽然通过使用 close( )方法可关闭文件,但有时在文件打开与关闭之间的这段时期内可

能因出现错误或异常而引起程序崩溃现象,以至于文件未能正常关闭。此时,可使用异常处理机制,即用 try/except/finally 语句捕捉处理异常,最后在 finally 子句中调用 close( )方法正常关闭文件。

【示例 2】

```
try:
    f = open("F:\\database\\stu\\boo.txt", "r")
    print ("文件名:", f.name)
    print(fp.readline( ))    #读取一行信息
except:
    print('Read file failed')
finally:
    f.close( )    #关闭文件
```

2)with 语句

上述代码可解决在文件读写过程中因出现错误或异常引起的文件未正常关闭问题,但是仔细观察会发现,代码有些繁杂,不够简洁,且可读性不高。鉴于此,可采用简洁的 with 语句对文件进行关闭。With 语句也称上下文管理语句,适用于对资源进行访问的场合,确保不管使用过程中是否发生异常都会执行必要的"清理"操作,释放资源,如文件使用后自动关闭、线程中锁的自动获取和释放等。在文件处理中,它可实现自动关闭文件的功能,即使是在出现错误或异常的情况下,也能保证文件可以正常关闭。因此,在实际应用程序开发中,凡是涉及文件读写之类的操作,一般会优先使用 with 语句来关闭文件。

With 语句的使用方法如下:

```
with open(filename, mode,encoding) as fp:
    #此处可编写通过文件对象 fp 实现文件读写等操作的语句
```

说明:参数 filename 表示待打开的文件名称,可使用相对路径或绝对路径;mode 表示文件打开时所采用的模式,见表 6.1。该语句能以 mode 表示的模式打开 filename 指定的文件,并返回文件对象 fp,然后就可通过 fp 对当前打开的文件进行读写等操作,最后会在语句执行结束后自动关闭文件,无论是否发生错误或异常。

【示例 3】

例如,使用 with 语句改造上述代码,具体如下:

```
with open("F:\\database\\stu\\boo.txt", "r") as fp:
    print ("文件名:", fp.name)
    content=fp.readline( )    #读取一行信息
    print(content)    #输出显示
```

程序运行结果为:

文件名:F:\database\stu\boo.txt

清华大学计算机系 2020 年春季学期开设的 100 多门课程采用在线教学的方式进行,从第

一周开始 100% 的到课率,到 14 个教学周快结束时的 85%,平均到课率是 92.33%。\n 相比于示例 2 中展示的代码,使用 with 语句可使得代码结构更简洁,可读性更好,使用起来也更方便。

6.2.5 二进制文件的读取与写入

除了读取文本文件外,有时也会经常读取图片、音频与视频等二进制文件中的数据。此时,就需要掌握二进制文件的读取与写入方法。然而,与文本文件不同,二进制文件不能通过文本编辑软件打开,进行正常读写,而且也不能使用 Python 的文件对象进行内容的读取与写入操作。由于二进制文件中的数据都是基于字节的。因此,对该文件的读写主要是针对字节数据操作的。此时,可使用 Python 中的字符串类型(String)来存储二进制类型的数据。

读写二进制文件需要正确理解文件结构与序列化、反序列化规则。所谓序列化,就是将内存中的数据(对象)转换为可长久存储在硬盘中或可传输的字节序列的过程,而反序列化就是将字节序列恢复为原始对象,并存入内存的过程。Python 提供了一些常用的序列化模块用于实现二进制文件的读写操作,如 pickle,struct,json 等模块。

1)使用 pickle 模块读写二进制文件

pickle 模块提供了 dump( )与 load( )方法进行二进制文件的读写操作,具体含义如下:

- dump(obj, f)方法用于将内存中的任意数据(对象)转化为字节序列,然后存入打开的文件里。其中,参数 obj 表示为被序列化的对象,而参数 f 则表示打开的文件。
- load(f)方法用于读取文件中的内容,并将其转化为原始对象,存入内存中。其中,参数 f 表示待读取的文件。

①将 Python 中各种不同类型的数据写入二进制文件 example_pickle. dat。

```
import pickle
i = 20000
f = 3. 14159
s = "Python is easy to learn, I am learning it."
list1 = [1,2,3,4,5,6,7,8,9]
tuple1 = (-1,-2,-3)
coll1 = {10,11,12}
dict1 = {'r':'red','o':'orange','p':'purple','w':'white','b':'blue','y':'yellow'}
data1 = [i, f,s,list1,tuple1,coll1,dict1]
with open('F:\\database\\example_pickle.dat','wb') as fp:
    try:
        pickle.dump(len(data1), fp)    #写入二进制文件中数据的总个数
        for elem in data1:  #将 data1 中的每一个数据元素写入二进制文件中
            pickle.dump(elem, fp)
    except:
```

```
    print('二进制文件写入操作发生异常!')
```

执行程序后,在路径 F:\\database 下可看到生成了 example_pickle. dat 文件,且文件的大小为 1KB。

②读取上述文件 example_pickle. dat 中的内容。

```
import pickle
    with open('F:\\database\\example_pickle. dat','rb') as fp:
    count = pickle. load( fp)    #从二进制文件中读取的数据总个数
    for e in range( count):    #将 data1 中的每一个数据元素写入二进制文件中
        data = pickle. load( fp)
        print( data)
```

程序运行结果为:

20000

3. 14159

Python is easy to learn, I am learning it.

[1,2,3,4,5,6,7,8,9]

(-1, -2, -3)

{10,11,12}

{'r': 'red', 'o': 'orange', 'p': 'purple', 'w': 'white', 'b': 'blue', 'y': 'yellow'}

可知,通过 pickle 模块的 load( )方法已成功将字节数据进行反序列化,恢复为原始的数据。

2)使用 struct 模块读写二进制文件

struct 模块提供了 pack( )与 unpack( )方法进行二进制文件的读写操作,具体含义如下:

- pack(fmt, d1, d2, ...)方法用于将内存中的原始数据 d1, d2, ...按照 fmt 格式转化为字节数据,然后存入打开的文件里。
- unpack(fmt, dbytes)方法用于将文件中的字节数据 dbytes 按照 fmt 格式转化为内存中的原始数据。

这里的 fmt 也称格式化字符串,主要由数字和格式字符构成。其格式字符见表 6.4。其中,罗列了一些可用的格式字符及与之相对应的 C, Python 语言中的数据类型。例如,3s4if 表示的数据中含有占据 3 个字符的字符串,4 个整数与一个浮点数,在内存中共占据 23 个字节。

表 6.4　可用的格式字符及与之相对应的 C, Python 语言中的数据类型

格式字符	C 语言中的数据类型	Python 语言中的数据类型	所占字节数
c	char	string of length 1	1
b	signed char	integer	1
B	unsigned char	integer	1

续表

格式字符	C 语言中的数据类型	Python 语言中的数据类型	所占字节数
?	_bool	bool	1
h	short	integer	2
H	unsigned short	integer	2
i	int	integer	4
I	unsigned int	integer or long	4
l	long	integer	4
L	unsigned long	long	4
q	long long	long	8
Q	unsigned long long	long	8
f	float	float	4
d	double	float	8
s	char[ ]	string	1
p	char[ ]	string	1
P	void *	long	与 OS 密切相关

①将 Python 中各种不同类型的数据写入二进制文件 example_struct. dat。

```
import struct
a = 1000000
s = "I love Python!"
f = 84. 57
b = False
c = 'q'
data = struct. pack('i14sf? c', a,s. encode('utf-8'), f,b, c. encode('utf-8'))    #将原始
数据序列化为字节数据
print(data)    #输出显示序列化后的字节数据
with open('F:\\database\\example_struct. dat','wb') as fp:
    fp. write(data)
```

程序运行结果为：

b'@B\x0f\x00I love Python! \x00\x00\xd7#\xa9B\x00q'

②读取二进制文件 example_struct. dat 中写入的内容。

```
import struct
with open('F:\\database\\example_struct. dat','rb') as fp:
  data = fp. read(24)    #原始的数据一共占据 24 个字节
```

tup＝struct. unpcak（'i14sf？c'，data）　#将字节数据进行反序列化

a，s，f，b，c＝tup

print（'a＝'，a，'s＝'，s，'f＝'，f，'b＝'，b，'c＝'，c）　#输出显示反序列化后的原始数据

程序运行结果为：

a ＝1000000 s ＝ b'I love Python！' f ＝84. 56999969482422 b ＝ False c ＝ b'q'

6.3　文件的高级操作

文件的高级操作主要包括读取文件的属性信息，以及对文件进行重命名、复制、移动及删除等。通常使用 os，os. path，shutil 模块来实现这些高级操作。

1）os 模块

os 模块中提供了一些用于文件处理的常用方法，见表 6.5。

表 6.5　os 模块常用文件处理方法

方　法	功能描述
rename（src，dst）	将 src 指定的文件重命名为 dst
remove（path）	删除 path 所指定的文件

2）os. path 模块

os. path 模块中提供了一些用于获取文件属性信息的常用方法，见表 6.6。

表 6.6　os. path 模块常用文件属性信息获取方法

方　法	功能描述
dirname（path）	获取 path 所指定的路径信息，结果为字符串
basename（path）	获取 path 所指定路径信息中的文件名
split（path）	获取由 path 所指定的路径信息及其中文件名组成的字符串元组
exists（path）	若 path 所指定的文件或文件夹存在，返回 True，否则返回 False
isfile（path）	判断 path 是否指定的是一个文件，若是，且该文件存在，则返回 True，否则返回 False
isabs（path）	若 path 是一个绝对路径，则返回 True，否则返回 False
getsize（path）	获取 path 指定文件的大小信息
getctime（path）	获取 path 指定文件的创建时间

Python程序设计

续表

方　法	功能描述
getmtime(path)	获取 path 指定文件的最后修改时间
getatime(path)	获取 path 指定文件的最后访问时间

3）shutil 模块

shutil 模块中也提供了一些用于文件复制,移动与重命名等操作的常用方法,见表6.7。

表6.7　shutil 模块常用文件操作方法

方　法	功能描述
copy(src,dst)	将 src 所指定的文件复制到 dst 所指定文件夹中,或在复制文件的同时也可给文件重命名
copyfile(src, dst)	将 src 指定文件中的数据复制到 dst 所指定的文件中
move(src,dst)	将 src 指定文件移动到 dst 指定文件夹里,或移动文件的同时也可给文件重命名
rename(src,dst)	将 src 指定的文件重命名为 dst

6.3.1　读取文件属性信息

【例6.5】　获取指定文件 F:\\database\\stu\\boo. txt 的路径名称、文件名称等信息。

例6.5　　　　　例6.6

【例6.6】　判断指定的路径是否存在。若存在,再判断其是否为一个文件,并查看文件大小。

6.3.2　重命名文件

【例6.7】　将 F:\\database\\stu 路径下的 boo. txt 重命名为 book. txt。

例6.7

6.3.3　复制、移动与删除文件

【例6.8】　先将 F:\\database\\stu 路径下的 book. txt 复制到 F:\\database\\stu-backup 中,再复制 F:\\database\\stu-backup\book. txt,并将文件名更改为 books. txt,后将 F:\\database 下的 notebook. txt 中的数据复制到 F:\\database 下的 word. docx。

例 6.8　　　　　　例 6.9　　　　　　例 6.10

【例 6.9】　将 F:\\database 路径下的 word. docx 移动到文件夹 stu 中,然后把 stu_info. sql 移动到 stu-backup 下,并更名为 stu_info-backup. sql。

【例 6.10】　删除 F:\\database\\stu 路径下的 word. docx。

6.4　目录的操作

在 os, os. path, shutil 模块中,也提供了相应的方法来实现对目录的操作,如目录创建、删除、遍历、复制、移动及重命名等。

1)os 模块

os 模块中提供了一些用于处理目录的常用方法,见表 6.8。

表 6.8　os 模块常用目录处理方法

方　法	功能描述
chdir(path)	指定 path 为当前工作目录
getcwd()	获取当前工作目录
mkdir(path)	创建 path 指定的目录
makedirs(path1/path2/path3/…)	创建多级目录
listdir(path)	获取 path 指定目录下的文件和目录列表
rmdir(path)	删除 path 指定的空目录(文件夹)
removedirs(path1/path2/path3/…)	删除多级目录
walk()	遍历目录树,获取该路径下所有文件与子目录信息元组

2)os. path 模块

os. path 模块中提供了一些用于处理目录的常用方法,见表 6.9。

表 6.9　os. path 模块常用文件属性信息获取方法

方　法	功能描述
isdir(path)	若 path 为一个文件夹,则返回 True,否则返回 False
dirname(path)	获取 path 所指定目录的路径信息

3）shutil **模块**

shutil 模块中也提供了一些用于处理目录的常用方法，见表 6.10。

表 6.10 shutil **模块常用文件操作方法**

方 法	功能描述
copytree(src,dst)	复制整个目录(文件夹)，包括目录里的文件和子目录(子文件夹)
rmtree(path)	删除 path 指定的目录，包括目录里的文件和子目录

6.4.1 判断目录是否存在

【例 6.11】 判断 F:\\database 路径下目录 stu 是否存在。存在时，获取其路径信息。

```
>>> import os#导入 os 模块
>>> filePath="F:\\database\\stu"
>>> os.path.exists(filePath)
    True
>>> os.path.dirname(filePath)    #获取 path 所指定目录 stu 的路径信息
    'F:\\database'
>>> os.path.isdir(filePath)    #判断该路径是否为一个文件夹(目录)
    True
```

6.4.2 目录的创建与删除

【例 6.12】 首先在 F:\\database 路径下创建文件夹 info，然后在 F:\\database 路径下创建文件夹 book，并在 book 下再创建子文件夹 book_info，最后想删除不再使用的文件夹 book 和 info。

```
>>> import os    #导入 os 模块
>>> import shutil    #导入 shutil 模块
>>> os.mkdir("F:\\database\\info")    #创建单个目录
>>> os.makedirs("F:\\database\\book\\book_info")    #创建多级目录
>>> os.rmdir("F:\\database\\book")
    Traceback (most recent call last):
    File "<stdin>", line 1, in <module>
OSError:[WinError 145]目录不是空的。:'F:\\database\\book'
>>> os.rmdir("F:\\database\\info")
```

在磁盘 F 中，可查看到上述的单个目录和多级目录都已成功创建，然而文件夹 book 却未能删除成功，这主要是因 rmdir()函数只能删除掉空文件夹；由于文件夹 info 是空的，因此可成功删除掉。若想删除掉文件夹 book，则可使用 shutil 模块中的 rmtree( )方法来实现。它可删除掉该文件夹下的所有文件和子文件。

> >> shutil. rmtree("F:\\database\\book")

6.4.3 目录的遍历

目录里含有许多文件和子文件，可通过 os 模块里的 listdir( )方法将其全部列出。

【例6.13】 输出 F:\\database 路径下目录 stu 中的所有文件与文件夹信息。

> >> import os #导入 os 模块

> >> filePath ="F:\\database\\stu"

> >> os. listdir(filePath) #列出目录里的所有内容

['book. txt', 'books','stu. txt', 'SUN. jpg']

由运行结果可知，目录 stu 中含有 3 个文件和 1 个子文件夹。

6.4.4 目录的复制、移动与重命名

通过 shutil 模块中的 copytree( )方法可实现目录的复制，而且会将目录下的所有文件与子文件夹一起复制；而使用 move( )方法可实现目录的移动操作；通过 os 模块中的 rename( )方法可给目录重命名。

【例6.14】 将 F:\database 下方的目录 library 复制到目录 stu 中。

> >> import shutil #导入 shutil 模块

> >> filePath ="F:\\database\\library"

> >> shutil. copytree(filePath,"F:\\database\\stu") #第二个参数所示目录已存在

Traceback (most recent call last):

  File "<stdin>", line 1, in <module>

  File "C:\Users\chenhongyang\AppData\Local\Programs\Python\Python36\lib\shutil. py", line 315, in copytree

    os. makedirs(dst)

  File "C:\Users\chenhongyang\AppData\Local\Programs\Python\Python36\lib\os. py", line 220, in makedirs

    mkdir(name, mode)

FileExistsError:[WinError 183]当文件已存在时,无法创建该文件。

'F:\\database\\stu'

由于 copytree( )方法中的第二个参数必须是不存在的目录，而 stu 目录已存在。因此，程序运行结果失败。若要正常复制目录，则需要为第二个参数赋值新的目录。

> >> shutil. copytree(filePath, "F:\\database\\extra") #第二个参数所示目录为新目录，不存在

'F:\\database\\extra'

查看磁盘 F 下的目录 extra,可看到目录 library 里含有的所有文件与文件夹全部复制到目录 extra 中了。

【例 6.15】 将 F:\database 下方的目录 library 移动到目录 stu 中。

>>> import shutil #导入 shutil 模块

>>> filePath1 ="F:\\database\\library"

>>> filePath2 ="F:\\database\\stu"

>>> shutil. move(filePath1,filePath2) #移动目录

'F:\\database\\stu\\library'

【例 6.16】 将 F:\\database\\stu 路径下目录 library 重命名为 LIBRARY。

>>> import os #导入 os 模块

>>> filePath3 ="F:\\database\\stu\\library"

>>> filePath4 ="F:\\database\\stu\\LIBRARY"

>>> os. rename(filePath3,filePath4)

查看 F:\\database\\stu 路径下的信息,发现目录 library 已更名为 LIBRARY。

6.5 案例实战

【例 6.17】 编写程序,实现以下功能:

①打开一个文本文件,将一篇英文文章的内容写入其中并保存。

②读取该文件中的内容,统计文中单词的数目,并进行输出显示。

③关闭文件。

例 6.17   例 6.18   例 6.19

【例 6.18】 使用 CSV 模块编写程序来实现 csv 格式文件的读写操作,读取一个 test1. csv 文件中的内容,然后将其写入另一个 test2. csv 文件中。

【例 6.19】 通过使用 xlrd 和 xlwt 模块编写程序实现 Excel 文件的读写操作。

本章小结

　　本章主要讲述了文件和目录的基本概念,使用 Python 编码实现文本文件与二进制文件的打开、读取、定位、写入及关闭等基本操作,通过 os, os. path 与 shutil 模块对文件和目录进行重命名、复制、移动及删除等高级操作;结合案例实战,加强使用 Python 对文件和目录的综合操作。通过本章的学习,读者可熟练使用 Python 对文件和目录进行相关操作,实现数据信息在文件中的永久存储。

练习题 6

练习题 6

提高篇

第7章 Python 数据库编程

在应用程序中,为了能永久存储输入、输出数据,通常采用文件实现数据的长期存储。但是,随着大数据时代的来临,海量的、多样化的数据不断涌现出来,文件因存储功能有限而不能较好满足这些数据的存储。因此,亟须一种新的存储技术来存储易于程序员理解的海量、多样化数据。这就是数据库技术。数据库既能长期储存各类数据,也支持不同平台不同领域数据的查询、共享和修改等操作,极大地方便了人们的工作与生活。

本章将介绍数据库的基本概念、数据库的分类(关系型数据库与非关系型数据库)和 Python 数据库 API,分别以 SQLite 数据库、MySQL 数据库、MongoDB 数据库为代表,并结合实际案例详细地介绍各个数据库的下载、安装以及如何使用 Python 接口程序实现对数据库及数据库表的基本操作。

7.1 数据库概述

7.1.1 数据库基本概念

1)数据库

数据库(Database, DB)是指由彼此相关联的数据所构成的集合。这些数据均以一定方式组织存储在计算机中,能为多个用户共享,以及具有尽可能小的冗余度的特点,而且与应用程序是彼此独立的。例如,可将图书、学生、教师、借书与还书等数据按照一定规则有序存放在计算机中,这就可构成一个简单的数据库。学生和教师都可通过登录图书借阅管理系统进行图书借阅、续期、归还等操作。

简言之,数据库就是存储数据的仓库,这里的仓库即计算机存储设备,数据需按组织有序存放。通过数据库,用户可方便地管理与维护其中存放的数据。

2)数据库管理系统

数据库管理系统(Database Management System, DBMS)是一款便于用户操纵和管理数据库的软件系统,主要用于对数据库进行创建、使用和维护。常见的数据库管理系统主要有 MySQL,Oracle,SQL Server,SQLite,MongoDB 等。

它提供了以下 5 个主要功能:

(1)数据定义功能

DBMS 提供了各种数据定义语言(DDL),使用户可定义数据库中的任何数据对象,如数据库、表、视图、存储过程及触发器等。

(2)数据操纵功能

DBMS 提供了各种数据操纵语言(DML),能对数据库表中的数据进行插入、删除、修改及查询等基本操作。

(3)数据库运行管理功能

DBMS 提供了各种数据控制语言(DCL),可实现对数据的完整性、安全性和并发性等进行有效控制与管理,以保证数据的正确性、有效性和完整性。

(4)数据库的建立与维护功能

主要包括数据库初始数据的输入、转换功能,数据库的转储、恢复功能,以及数据库的重组功能和性能监视、分析功能等,一般由一些实用程序和管理工具来完成。

(5)数据库的传输功能

通过与操作系统的协作,能实现数据库应用程序(也称用户程序)与数据库管理系统之间的数据通信功能。

通常人们很容易混淆数据库、数据库管理系统和数据库应用系统三者的概念。实际上,它们是有区别的。图 7.1 展示了三者之间的关联。

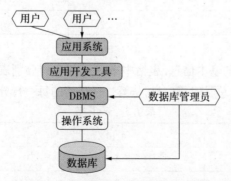

图 7.1 数据库、数据库管理系统和数据库应用系统的关联

由图 7.1 可知,数据库主要是用来存储大量数据的,而用户只能通过数据库管理系统(DBMS)来实现数据的管理操作;若在数据库应用程序中访问数据库里的数据,做进一步处理,还需通过 DBMS 进行数据的访问与使用。

7.1.2 关系型数据库

数据库主要分为两大类,即关系型数据库和非关系型数据库。其中,关系型数据库是目前较流行的数据库类型。它通常使用关系模型来组织数据结构。这里的关系模型一般包含关系数据结构、关系操作集合和关系完整性约束 3 个部分。可将其简单地理解为二维表格模型(如 Excel 中一张二维表格),那么一个关系型数据库就可看成由多张二维表及其之间的关系组成的一个数据组织。例如,一个学生成绩信息数据库中可包含学生信息表、课程信息表和学生课程成绩表,3 个表之间存在一定的联系,一个学生可修多门课程,一门课程可被多个学生选择学习。这些表结构及信息具体见表 7.1—表 7.3。

表 7.1　student 表

s_id	sname	ssex	sbirthday	sdepartment	smajor	spoliticalStatus
2010190001	赵青	女	1988/5/21	信息工程学院	计算机科学	共青团员
2010190002	李华	男	1987/6/24	经济管理学院	经济管理	中共党员
2010190003	张三	男	1987/9/18	外语学院	日语	共青团员
2010190004	张华	女	1989/2/3	物理科学学院	核子物理	共青团员

表 7.1 展示了学生表的基本信息,表格中第一行各个列分别表示学生的学号、姓名、性别、出生日期、院系名称、专业名称及政治面貌等信息,从第二行开始的每一行分别表示一个学生的基本信息。

表 7.2　course 表

c_id	cname	cp_id	ccredit	chours
1	数据结构	3	4	72
2	高等数学		5	90
3	C 语言		3	54
4	软件工程	1	4	72

表 7.2 展示了课程表的基本信息,表格中第一行各个列分别表示课程的编号、课程名称、先修课程编号、课程学分及总学时等信息,从第二行开始的每一行分别表示一门课程信息。

表 7.3　grade 表

s_id	c_id	grades
2010190001	1	78
2010190001	2	67
2010190001	3	89
2010190004	2	65

表 7.3 展示了成绩表的基本信息,表格中第一行各个列分别表示学号、课程号、成绩等信息,从第二行开始的每一行分别表示一个学生学习一门课程所获得的成绩。

在关系型数据库中,通常有关系、元组、属性、域、关键字等基本术语。下面将以成绩信息数据库为例,阐述这些术语的基本概念。

①关系即一张二维表,每一个关系都有一个关系名,也就是二维表的表名。例如,上面的 3 个二维表代表了 3 个关系,而 student, course, grade 表则为关系名。

②元组即二维表中的行,也称记录。例如,student 表中的后 4 行分别表示 4 位不同学生的记录信息。

③属性即二维表中的列,列名就是属性名。例如,student 表中的 s_id, sname 都是属性,属性名不同,代表的属性也不同。

④域即属性的取值范围。例如,student 表中的 ssex 属性取值仅限于男和女,grade 表中的 grades 属性取值必须限定于 0 ~ 100。

⑤关键字是唯一标识元组的属性组合,通常包含 1 个或多个属性,即二维表中的一列或多列。例如,student 表中的 s_id 可唯一表示该表中的每一行信息,故称为关键字;grade 表中 s_id, c_id 组合可唯一标识该表中每一行信息,故称关键字。

关系型数据库通常采用结构化查询语言(Structured Query Language, SQL)来对数据库进行查询、定义、操作及控制等操作。SQL 是一种数据库查询和程序设计语言,主要用于存取、查询、更新数据以及管理关系型数据库。该语言主要包含了 3 种类型,即数据库定义语言(DDL)、数据库操纵语言(DML)和数据库控制语言(DCL)。DDL 通常采用 create, alter, drop 等语句实现数据库、表、视图、存储过程、索引及触发器等数据库对象的创建、修改和删除操作;DML 采用 insert, delete, select, update 等语句实现对数据库表中的数据进行增、删、查改等操作;DCL 则使用 grant, revoke 语句来控制用户的访问权限。这些语句的具体使用方法将在后续小节案例中展开详细讲述,此处不再赘述。

当前主流的关系型数据库主要有 Microsoft SQL Server, MySQL, SQlite, Oracle, DB2, PostgreSQL, Microsoft Access 等。鉴于篇幅原因,本章主要介绍 MySQL 和 SQlite 数据库。

7.1.3　Python 数据库 API

Python 支持通过数据库接口程序访问各种关系型和非关系型数据库,如 MySQL, Oracle, SQL Server, MongoDB 等。以前,人们为了访问这些数据库,编写了各种数据库接口程序,然而这些接口程序较混乱,彼此不兼容。也就是说,在应用程序中需要针对不同的数据库编写不同的数据库访问代码。若要更换所使用的数据库,则应用程序中关于数据库访问的代码也需要进行相应地更改,极其烦琐。为此,引入了 Python DB-API。

它是 Python 访问数据库的统一接口规范,定义了一系列必需的对象和数据库存取方式,以便为各种各样的底层数据库系统和多种多样的数据库接口程序提供一致的访问接口。有了它之后,可随意更换需要使用的数据库,无须更改应用程序中关于数据库访问的代码。因此,Python 所有的数据库接口程序都需要遵循 Python DB-API。通常使用 Python DB-API 进行数据库访问的基本流程如图 7.2 所示。

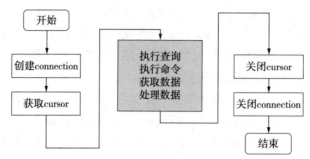

图 7.2　使用 Python DB-API 访问数据库的流程

图 7.2 中数据库访问流程包含以下 3 个步骤：

①创建数据库连接对象 Connection，在 Python 客户端应用程序与特定数据库之间建立网络连接。

②创建数据库游标对象 cursor，向数据库发送 SQL 命令，作数据查询、获取和处理。

③关闭游标对象 cursor 和连接对象 Connection。

7.2　SQLite 数据库使用

7.2.1　SQLite 数据库简介与 SQLite Manager 安装

SQLite 是 Python 中自带的一个非常小的、轻量级的关系型数据库，占用较少的空间资源。与 MySQL，SQL Server，MongoDB 等数据库不同，它可直接使用，并不需进行安装、配置和启动服务等操作。本质上，SQLite 数据库就是存储在一个单一的跨平台的磁盘文件，该文件的后缀名为 .db（database 的缩写）。它是基于 C 语言开发设计的，不仅支持 SQL92（SQL2）标准的大多数查询语言的功能，也支持原子的、一致的、独立的及持久的事务，且允许从多个进程或线程安全访问。早在 2000 年时，SQLite1 诞生了，目前最新的版本为 SQLite3。

目前，市面上提供了多种免费 SQLite 数据库管理工具来管理 SQLite 数据库。其中，最常用且免费的可视化管理工具为 SQLiteManager。它以一个直观的树形结构显示数据库中的对象-选择相对应对象可方便地管理表、索引、视图及触发器，包括增加、删除、更改、查询表中数据，编辑表与其他对象及执行 SQL 语句。用户通过官方网址进入 SQLiteManager 官网，下载 64 位的可视化管理工具 SQLiteManager，解压后得到一个可执行文件-SQLiteManager-er64bitSetup_4.8.5.exe；随后双击该文件，进行安装。

①双击可执行文件后，进入如图 7.3 所示的界面。

图 7.3　SQLiteManager 安装界面 1

②单击"Next",进入如图 7.4 所示的界面。

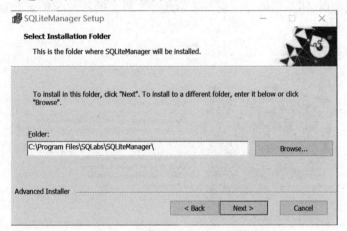

图 7.4　SQLiteManager 安装界面 2

③可选择默认的安装路径,或单击"Browse…"自行选择合适的安装路径,最后单击
"Next",进入如图 7.5 所示的界面。

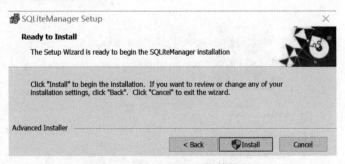

图 7.5　SQLiteManager 安装界面 3

④单击"Install",等待几分钟后进入如图 7.6 所示的界面。

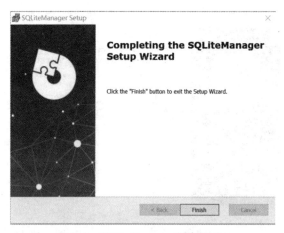

图 7.6　SQLiteManager 安装界面 4

⑤单击"Finish",便可完成安装。

当安装好软件后,用户便可通过它打开本地计算机上的任意 SQLite 数据库文件,进行数据查看等相关操作。

①双击桌面上的快捷方式,进入如图 7.7 所示的界面。

图 7.7　SQLiteManager 使用界面 1

②单击"Ok"按钮,进入如图 7.8 所示的界面。

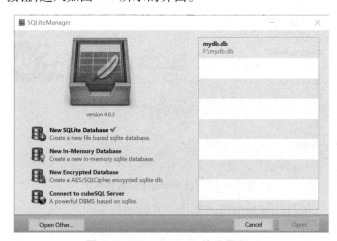

图 7.8　SQLiteManager 使用界面 2

③单击"Open Other",选择要打开的数据库文件 mydb.db,随后进入如图 7.9 所示的界面。

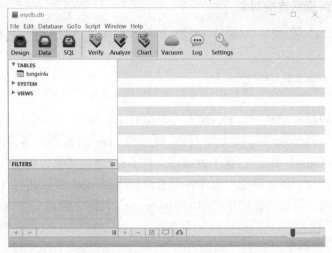

图 7.9 SQLiteManager 使用界面 3

④单击数据库表-tongxinlu,表中的数据会展现在右侧,如图 7.10 所示。

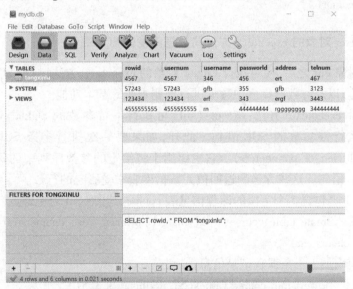

图 7.10 SQLiteManager 使用界面 4

这里仅展示如何通过可视化管理工具 SQLiteManager 查看数据库中表的数据。

7.2.2 访问数据库的基本步骤

使用 Python 访问 SQLite3 数据库主要分为以下 7 个步骤:

1)导入数据库模块

可直接导入 Python 标准库中自带的 SQLite3 模块。

import sqlite3

2）连接数据库，返回连接对象

通过调用 SQLite3 模块的 connect( )函数，可实现与指定数据库建立连接，并返回连接对象 conn。

conn = sqlite3. connect(connString)

例如：

conn = sqlite3. connect("F:\\test1. db")

说明：这里的 connString 表示连接字符串，对于 SQLite3 数据库而言，该连接字符串即数据库文件名，如'F:\\test1. db'。当这个数据库文件不存在时，此时会在硬盘中自动创建数据库文件，并打开；若存在，那么数据库文件将不再被创建，而是会被直接打开。如果在内存中创建临时数据库，则需要指定连接字符串为':memory:'，此时会创建一个内存数据库。

3）创建一个游标对象

通过调用 Connection 对象的 cursor( )方法，从而实现游标对象的创建。

cur = conn. cursor( )

4）调用 Cursor 对象的 execute( )方法向数据库发送 SQL 命令

获取游标对象 cur 之后，便可执行 Cursor 对象的 execute( )方法，执行 SQL 语句，从而实现数据库表创建，以及对数据库表中数据进行增删查改等基本功能。

这里有两种 execute( )方法：execute(sql)可执行不带参数的 SQL 语句，execute(sql, parameters)能执行带参数的 SQL 语句。此外，如果要一次执行多条 SQL 语句，可使用 executemany(sql, seq_of_parameters)。它主要用于将给定的参数序列中的每一个参数重复执行同一个 SQL 语句。这些方法的返回值为数据库表中受影响的行数。

例如，创建 1 个包含 5 个字段的课程信息表 course，其中 c_id 为主键。

cur. execute("create table course(c_id char(1) primary key, cname nvarchar(5), cp_id int, ccredit int, chours int)")

向 course 表中加入一条课程记录信息。

cur. execute(""" insert into course values(5, 'Python',3,3,51)""")

也可通过调用 execute(sql, parameters)往 course 表加入一条新的课程记录信息。

cur. execute(""" insert into course values(?, ?, ?, ?, ?)""",(6,'算法分析与设计',3,1,51))

conn. commit( )

这里的 sql 中使用占位符？来表示要传递的参数个数，parameters 表示真正要传递的参数值，通常以元组形式给出。

5）调用 Cursor 对象的 execute( )方法执行查询，并获取查询结果集

Cursor 对象提供了 3 种方法实现查询结果集的获取，它们分别是 fetchone( )，fectchmany( )，fetchall( )。将游标对象看成一个游标指针，当第一次调用 fetchone( )时，游标指针会移动到结果集的第一行数据,便获取第一行数据(Row对象),如果数据不存在,则返回None;接下来,每次调用fetchone()时,游标指针都会向下移动一行读取下一行数据。

例如,下面代码展示了fetchone()的使用。

```
cur. execute("select * from course")   #查询课程信息表course
row=cur. fetchone( )   #将游标指针移动到结果集的第一行
if(row! =None):   #如果所获取的数据不存在,将会返回None
    print(row)
```

程序运行结果为:

('5', 'Python',3,3,51)

若想要获取查询结果集的所有行,则需要使用循环一行一行地读取。

```
while(row! =None):
    print(row)
    row = cur. fetchone( )   #移动游标指针指向下一行数据
```

程序运行结果为:

('5', 'Python',3,3,51)

('6', '算法分析与设计',3,1,51)

当所获取的查询结果集只有一行时,使用fetchone()获取是比较合适的。当结果集中包含多行数据时,可使用fetchall()方法方便地获取所有数据,如果没有数据,则返回空列表。下面代码展示了fetchall()的使用。

```
cur. execute("select * from course")   #查询课程信息表course
print(cur. fetchall( ))   #获取查询到的结果集
```

程序运行结果为:

[('5', 'Python',3,3,51), ('6', '算法分析与设计',3,1,51)]

```
#也可以通过循环获取结果集中的每一行数据
result=cur. fetchall( )
for r in result:
    print(r)
```

程序运行结果为:

[('5', 'Python',3,3,51), ('6', '算法分析与设计',3,1,51)]

若获取查询结果集中的前几行数据,则可调用cursor. fetchmany([size=cursor. arraysize])来实现,获取的数据行数由size指定,并返回一个列表。当没有数据时,则返回None。

6)数据库事务的提交与回滚

上述步骤中执行的SQL语句用于创建数据库表,对表中数据进行添加、删除、修改及查询。此时,还需要调用Connection对象的commit()提交上述事务,否则无法生效。若要撤销事务的提交,则可调用Connection对象的rollback()进行事务的回滚操作。

```
conn. commit( )   #事务提交
conn. rollback( )   #事务回滚
```

7)关闭连接对象和游标对象

当对数据库的相关操作完毕后,则要养成良好习惯,及时按顺序关闭之前打开的对象游标与连接对象。

cur. close( )　#关闭游标对象(cursor 对象)

conn. close( )　#关闭连接对象(connection 对象)

7.2.3　创建数据库和表

【例 7.1】　在本地计算机 D 盘中创建一个数据库 stu_info,然后在该数据库中创建学生表 student。该表中包含 s_id, sname, ssex, sbirthday, sdepartment, smajor, spoliticalStatus 7 个字段,且 s_id 为 student 的主键。

例 7.1

7.2.4　操作数据库表

【例 7.2】　在例 7.1 的基础上,对学生表 student 进行数据的增加、修改、删除及查询等基本操作。

【例 7.3】　在例 7.1 的基础上,对学生表 student 进行数据的修改操作。

例 7.2　　　　　　例 7.3　　　　　　例 7.4　　　　　　例 7.5

【例 7.4】　在例 7.1 的基础上,对学生表 student 进行数据的删除操作。

【例 7.5】　在例 7.1 的基础上,对学生表 student 进行数据的查询操作。

> **注意**:当对数据库表进行数据插入,修改与删除等基本操作时,必须通过调用 commit( )方法提交当前事务,保存数据,这样对数据库表的数据所作的修改才会奏效,否则将不会有任何改变;而对数据库进行查询数据操作时,则无须调用该方法,因数据查询并未对数据库表的数据产生影响。

7.3　MySQL 数据库安装与使用

7.3.1　MySQL 数据库简介

MySQL 是目前最流行的一个小型、开源免费的关系型数据库管理系统。它是由瑞典 MySQL AB 公司开发的,目前属于 Oracle 旗下产品。MySQL 具有体积小,速度快,成本低,支持大型数据库、多种编程语言,以及可运行在多个内含不同操作系统的平台上等优点,因此备受用户的青睐,在 Web 应用方面得到广泛应用。

7.3.2　安装 MySQL,MySQL Workbench 与 PyMySQL

1)安装 MySQL

①打开任意一款浏览器,在地址栏中输入官方网址,便可进入 MySQL 官网,然后选择 DOWNLOADS 下方的 MySQL Community（GPL）Downloads >>进入如图 7.11 所示的界面。

图 7.11　MySQL Community 下载界面

②单击 MySQL Installer for Windows 选项,进入如图 7.12 所示的下载界面。

图 7.12　MySQL 可执行文件下载界面

③选择针对 Windows 平台的 MySQL 安装包-mysql-installer-community-8.0.21.0.msi,同时单击 Download 选项进行下载,如图 7.13 所示的界面。

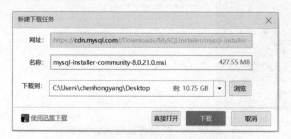

图 7.13　MySQL 可执行文件下载界面

④用户可选择登录账号后下载 MySQL,也可选择 No thanks 进行直接下载,并存放到本地磁盘中,如图 7.14 所示。

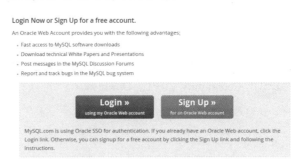

图 7.14 新建任务下载界面

⑤双击下载的可执行文件并开始安装 MySQL,此时会出现如图 7.15 所示的界面。

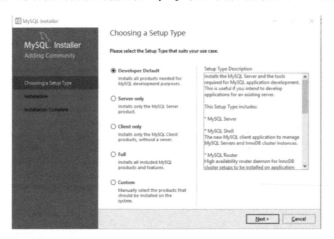

图 7.15 安装类型设置图

⑥默认选择 Developer Default,单击"Next",进入如图 7.16 所示的界面。

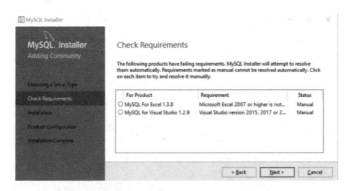

图 7.16 检测产品需求示意图

⑦单击"Next"，会出现如图 7.17 所示的界面。

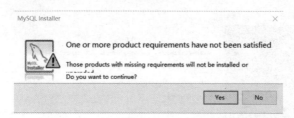

图 7.17　询问是否安装未满足需求的产品

⑧单击"Yes"按钮，进入如图 7.18 所示的界面。

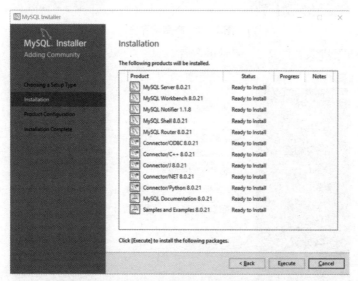

图 7.18　准备将要安装的产品

⑨单击"Execute"，开始安装，等待几分钟后进入如图 7.19 所示的界面。

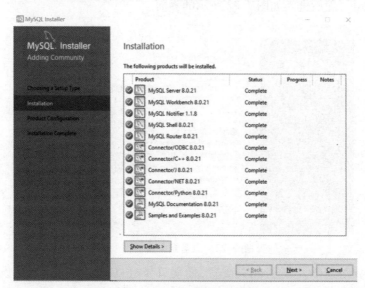

图 7.19　产品安装成功提示

⑩单击"Next",进入如图 7.20 所示的界面。

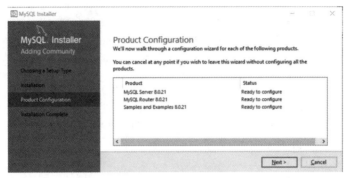

图 7.20　产品配置图

⑪单击"Next",进入如图 7.21 所示的界面。

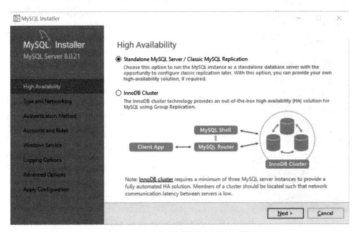

图 7.21　高性能选择示意图

⑫单击"Next",随后进入如图 7.22 所示的界面。

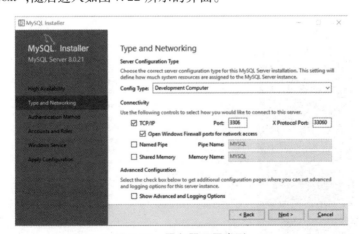

图 7.22　服务器配置类型

⑬此时,需要对 MySQL 进行相关配置,如端口号、协议等,均采用默认设置,随后单击"Next",进入如图 7.23 所示的界面。

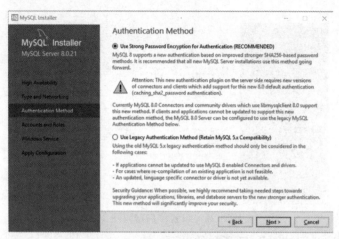

图 7.23 选择认证方法示意图

⑭默认选择,并单击"Next",进入如图 7.24 所示的界面。

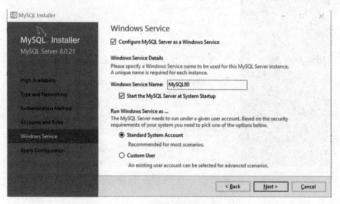

图 7.24 账户与角色设置图

⑮设置用户登录 MySQL 的密码,如 123456,如图 7.25 所示;然后单击"Next",进入如图
7.26 所示的界面。

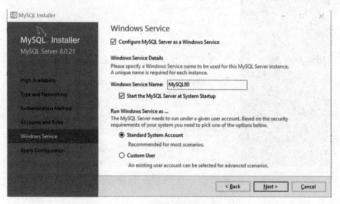

图 7.25 设置账户密码图 1

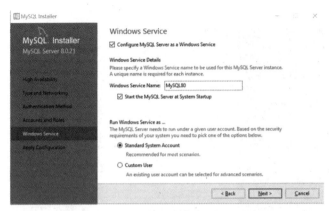

图 7.26　设置账户密码图 2

⑯单击"Next"，进入如图 7.27 所示的界面。

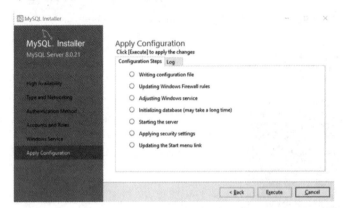

图 7.27　应用置配示意图

⑰单击"Execute"，应用所作的配置，配置完成后会进入如图 7.28 所示的界面。

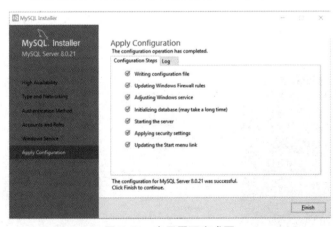

图 7.28　应用置配完成图

⑱单击"Finish"，进入如图 7.29 所示的界面。

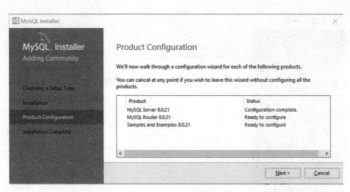

图 7.29　产品配置示意图

⑲单击"Next"进入如图 7.30 所示的界面。默认选项，并不断单击"Next"，最终进入如图 7.31 所示的界面；然后输入 root 用户的密码，并进行验证。

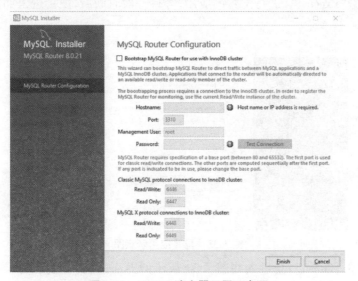

图 7.30　MySQL 路由器配置示意图

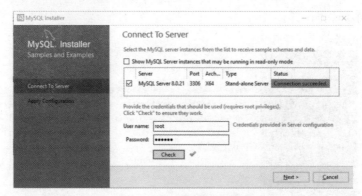

图 7.31　root 账号密码设置

⑳密码信息验证成功时，单击"Next"，此时进入如图 7.32 所示的界面。

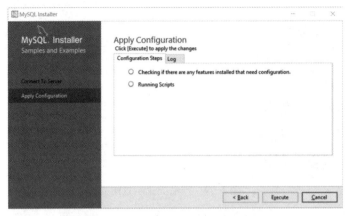

图 7.32　密码信息验证成功示意图

㉑再次单击"Execute",进行配置的应用,等待一段时间后,便会进入如图 7.33 所示的界面。

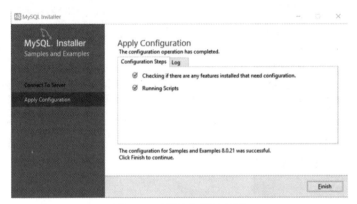

图 7.33　配置应用示意图

㉒此时,单击"Finish",会进入如图 7.34 所示的界面;然后直接单击"Next",进入如图 7.35 所示的界面;最后单击"Finish"。至此,MySQL 的安装配置已成功完成,同时打开如图 7.36、图 7.37 所示的界面。

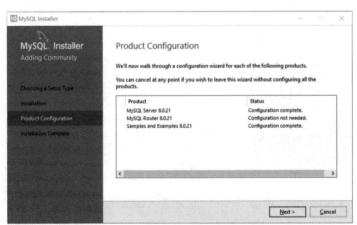

图 7.34　产品配置成功示意图

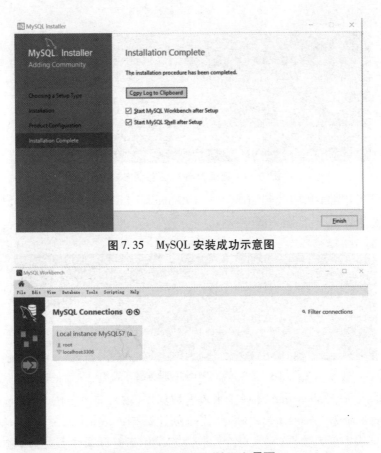

图 7.35　MySQL 安装成功示意图

图 7.36　MySQL Workbench 界面

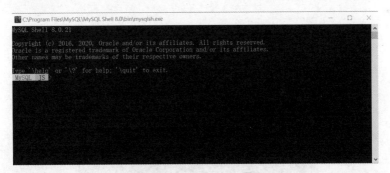

图 7.37　MySQL Shell 界面

㉓当 MySQL 安装完毕后,实际上已开启了服务。因此,可不用通过命令行来启动服务。若要连接 MySQL 数据库,则可通过在 MySQL 数据库安装路径下(如 C：\Program Files\MySQL\MySQL Server 8.0)的 bin 文件夹下,按住"Shift"键的同时,右击空白处,弹出下拉菜单,选择"在此处打开 PowerShell 窗口",从而打开命令行窗口。在命令行窗口中,输入命令：mysql-uroot-p123456(root 为用户名,123456 为用户密码);接下来,按"Enter"键,会出现如图 7.38 所示的界面。

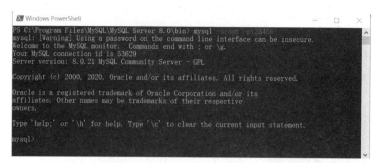

图 7.38　连接 MySQL 服务器方式 1

说明:也可在开始菜单中找到 MySQL 8.0 Command Linde Client-Unicode,打开命令行窗口,输入密码登录数据库,如图 7.39 所示。

图 7.39　连接 MySQL 服务器方式 2

此时,可输入命令"show databases;"来查看数据库;输入命令"create database XXX;"来创建数据库;输入命令"create table XX();"来创建数据库表;输入命令"insert into XX() values();"来向表中加入数据;输入命令"use XXX"用来打开某个数据库;输入命令"show tables;"来查看数据库表中的数据,如图 7.40 所示。

图 7.40　通过输入命令查看 MySQL 数据库相关信息

有时会出现报错现象,提示不存在这样的命令,这是因没有在系统中设置环境变量,此时需要通过右击电脑→属性→高级系统设置→高级→环境变量→系统环境变量→path →编辑→将 mysql 安装目录下的 bin 文件夹路径复制到 path 变量值的末尾处等步骤,从而实现环境变量的配置。

2) 安装可视化管理工具 MySQL Workbench

在命令行窗口中,以输入命令的形式查看数据库以及表等信息十分不便。因此,可采用安装可视化管理工具。常用的 MySQL 可视化管理工具主要有 Navicat, MySQL Workbench, SQLyog 等。这里主要介绍 MySQL Workbench 的安装。由于在安装 MySQL 的过程中,自动安装了 MySQL Workbench。因此,可通过在开始菜单栏中查找 MySQL Workbench 8.0 CE 打开该软件,如图 7.41 所示。

图 7.41　启动打开 MySQL Workbench 示意图

①建立数据库连接:单击 MySQL Connections 后面的"+",弹出如图 7.42 所示的窗口;然后输入连接名称如 connection1,单击"Store in Vault…",打开如图 7.43 所示的界面;最后输入登录密码,并单击"OK"按钮,从而完成数据库连接,出现如图 7.44 所示的效果。

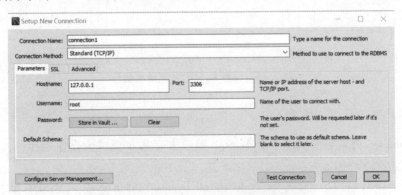

图 7.42　建立 MySQL 数据库连接示意图

图 7.43　输入 MySQL 账号密码

图 7.44　MySQL 数据库连接成功示意图

②数据库连接成功后,可查看所有的数据库与表等信息,并可通过手动操作与 SQL 语句作相应的操作,如数据库与表的创建,以及数据库表中数据的增删、查改等。具体数据库与表的信息如图 7.45 所示。

图 7.45　查看 MySQL 数据库表信息

3)安装 PyMySQL 第三方库

在 Python 中,通常需要借助于 PyMySQL 第三方库来实现对数据库的操作。因此,操作前需要先安装 PyMySQL。

在 Dos 命令行窗口中,输入命令 pip install pymysql,即可完成 PyMySQL 第三方库的安装。安装成功后的效果如图 7.46 所示。

图 7.46　PyMySQL 库安装示意图

7.3.3　使用 Python 操作 MySQL 数据库

例 7.6

【例 7.6】　在 Python 中使用 PyMysql 连接数据库 stu_info1,并对 grade 表中的数据进行添加、修改、删除、查询等基本操作。

本章小结

本章主要讲述了数据库、数据库管理系统等基本概念,数据库的类别——关系型数据库与非关系型数据库,Python 数据库 API,关系型数据库 SQLite, MySQL 及相应可视化管理工具 SQLite Manager, MySQL Workbench 的安装,以及如何在 Python 中使用第三方库 sqlite3, pymysql,对各类数据库及数据库表中的数据的基本操作。通过本章的学习,既可加深对数据库基本知识的理解,也可熟练掌握使用 Python 操作数据库的基本方法与步骤,为后续章节的学习奠定扎实基础。

练习题 7

练习题 7

第8章 Python 爬取网络数据

如今,使用 Python 语言编程实现数据处理与分析已成为流行趋势,备受广大数据分析人员的喜爱。然而数据是比较稀缺的,有时很难从网上下载所需要的数据,且数据质量也不高。此时,网络爬虫出现了,解了燃眉之急。通过使用 Python 语言编写网络爬虫,用户就可自由地从网络中爬取自己所需的网络数据进行分析与处理了。本章主要介绍网络爬虫概念、类型、工作原理及常用库等基本知识,并结合实际案例讲述如何编写爬虫程序实现猫眼电影数据的爬取,并存入文本文件中。

8.1 网络爬虫概述

8.1.1 网络爬虫概念

网络爬虫是一个自动提取网页的程序。它为搜索引擎从万维网上下载网页,是搜索引擎的重要组成。传统爬虫从一个或若干初始网页的 URL 开始,获得初始网页上的 URL,在抓取网页的过程中,不断从当前页面上抽取新的 URL 放入队列,直到满足系统的一定停止条件。聚焦爬虫的工作流程较为复杂,需要根据一定的网页分析算法过滤与主题无关的链接,保留有用的链接,并将其放入等待抓取的 URL 队列。同时,将根据一定的搜索策略从队列中选择下一步要抓取的网页 URL,并重复上述过程,直到达到系统的某一条件时停止。另外,所有被爬虫抓取的网页将会被系统储存,进行一定的分析、过滤,并建立索引,以便以后的查询和检索;对于聚焦爬虫来说,这一过程所得到的分析结果还可能对以后的抓取过程给出反馈和指导。

8.1.2 网络爬虫类型

网络爬虫按照系统结构和实现技术,大致可分为以下 4 种类型:通用网络爬虫(General Purpose Web Crawler)、聚焦网络爬虫(Focused Web Crawler)、增量式网络爬虫(Incremental

Web Crawler)及深层网络爬虫(Deep Web Crawler)。实际的网络爬虫系统通常是几种爬虫技术相结合而实现的。

1)通用网络爬虫

通用网络爬虫又称全网爬虫(Scalable Web Crawler),爬行对象从一些种子 URL 扩充到整个 Web,主要为门户站点搜索引擎和大型 Web 服务提供商采集数据。由于商业原因,故它们的技术细节很少公布出来。通用网络爬虫的结构大致可分为页面爬行模块、页面分析模块、链接过滤模块、页面数据库、URL 队列及初始 URL 集合。为提高工作效率,通用网络爬虫会采取一定的爬行策略。常用的爬行策略有深度优先策略和广度优先策略。

2)聚焦网络爬虫

聚焦网络爬虫(Focused Crawler)又称主题网络爬虫(Topical Crawler),是指选择性地爬取那些与预先定义好的主题相关页面的网络爬虫。与通用网络爬虫相比,聚焦爬虫只需要爬取与主题相关的页面,极大地节省了硬件和网络资源,保存的页面也因数量少而更新快,还可很好地满足一些特定人群对特定领域信息的需求。聚焦网络爬虫与通用网络爬虫相比,增加了链接评价模块以及内容评价模块。聚焦爬虫爬行策略实现的关键是评价页面内容和链接的重要性,不同的方法计算出的重要性不同,由此导致链接的访问顺序也不同。主要的爬行策略包括基于内容评价的爬行策略、基于链接结构评价的爬行策略、基于增强学习的爬行策略及基于语境图的爬行策略。

3)增量式网络爬虫

增量式网络爬虫(Incremental Web Crawler)是指对已下载网页采取增量式更新和只爬行新产生的或已发生变化网页的爬虫。它能在一定程度上保证所爬行的页面是尽可能新的页面。增量式爬虫只会在需要时爬行新产生或发生更新的页面,并不重新下载没有发生变化的页面,可有效减少数据下载量,及时更新已爬行的网页,减小时间和空间上的耗费,但增加了爬行算法的复杂度和实现难度。增量式网络爬虫的体系结构包含爬行模块、排序模块、更新模块、本地页面集、待爬行 URL 集及本地页面 URL 集。

4)Deep Web 爬虫

Web 页面按存在方式,可分为表层网页(Surface Web)和深层网页(Deep Web,也称 Invisible Web Pages 或 Hidden Web)。表层网页是指传统搜索引擎可索引的页面,以超链接可到达的静态网页为主构成的 Web 页面。Deep Web 是那些大部分内容不能通过静态链接获取的、隐藏在搜索表单后的,只有用户提交一些关键词才能获得的 Web 页面。例如,那些用户注册后内容才可见的网页就属于 Deep Web。2000 年 Bright Planet 指出,Deep Web 中可访问信息容量是 Surface Web 的几百倍,是互联网上最大、发展最快的新型信息资源。Deep Web 爬虫体系结构包含 6 个基本功能模块(爬行控制器、解析器、表单分析器、表单处理器、响应分析器及 LVS 控制器)和两个爬虫内部数据结构(URL 列表、LVS 表)。

8.1.3 网络爬虫工作原理

网络爬虫的基本工作流程如图 8.1 所示。

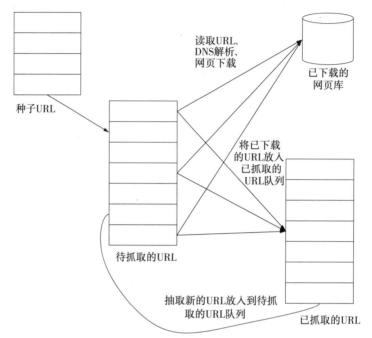

图 8.1 网络爬虫的基本工作流程

①选取一部分精心挑选的种子 URL。

②将这些 URL 放入待抓取 URL 队列。

③从待抓取 URL 队列中取出待抓取的 URL,解析 DNS 并且得到主机的 IP,将 URL 对应的网页下载下来,存储进已下载的网页库中。此外,将这些 URL 放进已抓取的 URL 队列。

④先分析已抓取的 URL 队列中的 URL,再解析其他 URL,并将 URL 放入待抓取的 URL 队列,从而进入下一个循环。

从爬虫的角度对互联网进行划分,如图 8.2 所示。

- 已下载的未过期网页。
- 已下载的已过期网页:抓取到的网页实际上是互联网内容的一个镜像与备份。互联网是动态变化的,如果一部分互联网上的内容已发生了变化,那么抓取到的这部分网页就已过期了。
- 待下载的网页:待抓取的 URL 队列中的那些页面。
- 可知网页:还没有抓取下来,也没有在待抓取的 URL 队列中,但可通过对已抓取的页面或待抓取的 URL 对应页面分析获取到的 URL,认为是可知网页。
- 还有一部分网页爬虫是无法直接抓取并下载的,称为不可知网页。

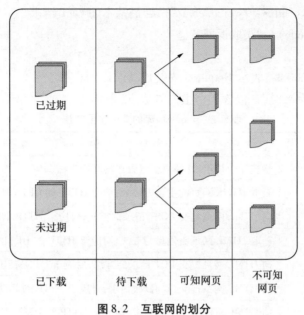

图 8.2　互联网的划分

8.2　网络爬虫常用库

使用 Python 语言编写网络爬虫从网络资源中爬取所需数据时,还需要借助于一些常用的第三方库,如 Request,BeautifulSoup,以及 Re 库等。下面将对这些常用库的用法进行详细介绍。

8.2.1　Request 库介绍及用法

1)Requests 库介绍

Requests 是 Python 实现的最简单易用的 HTTP 库。在网络爬虫的过程中,经常会用到 Requests 库。对于 Requests 库来说,它可用于自动爬取 HTML 页面和自动网络请求的提交。Requests 库的安装可直接采用 pip install requests 完成,也可使用前面配置好的 PyCharm 简单安装(先打开 PyCharm,单击 File,再单击 settings,然后单击 project 下面的 project Interpreter,最后根据需要导入第三方库)。

2)Request 库安装及使用

安装完成 Requests 库,可使用简单代码测试 Requests 库是否安装成功,具体如下:

```
import requests
```

r = requests. get("https://weibo. com/")　#最基本的 GET 请求

print(r. status_code)　#获取返回状态

print(r. text)

当返回状态码 200 时,表示 Requests 安装成功。

对于 Requests 库来说,它包含 7 个主要方法,见表 8.1。

表 8.1　Requests **库的 7 个主要方法**

方　法	说　明
requests. request( )	构造一个请求,支撑以下各方法的基础方法
requests. get( )	获取 HTML 网页的主要方法,对应于 HTTP 的 GET
requests. post( )	向 HTML 网页提交 POST 请求的方法,对应于 HTTP 的 POST
requests. head( )	获取 HTML 网页头信息的方法,对应于 HTTP 的 HEAD
requests. put( )	向 HTML 网页提交 PUT 请求的方法,对应于 HTTP 的 PUT
requests. patch( )	向 HTML 网页提交局部修改请求,对应于 HTTP 的 PATCH
requests. delete( )	向 HTML 页面提交删除请求,对应于 HTTP 的 DELETE
requests. request( )	构造一个请求,支撑以下各方法的基础方法

下面以 get( )方法为例,介绍 Requests 库中常见方法的使用。

r=requests. get(url)

其中,r 用来表征返回的一个包含服务器资源的 Response 对象,Response 对象包含爬虫返回的内容,get( )方法为了构造一个向服务器请求资源的 Request 对象。Response 对象属性具体见表 8.2。

表 8.2　Response **对象属性**

属　性	说　明
r. status_code	HTTP 请求的返回状态, 200 表示连接成功, 404 表示失败
r. text	HTTP 响应内容的字符串形式,即 url 对应的页面内容
r. encoding	从 HTTP header 中猜测的响应内容编码方式
r. apparent_encoding	从内容中分析出的响应内容编码方式(备选编码方式)
r. content	HTTP 响应内容的二进制形式
r. status_code	HTTP 请求的返回状态, 200 表示连接成功, 404 表示失败

r. encoding:如果 header 中不存在 charset,则认为编码为 ISO-8859-1;r. text 根据 r. encoding 显示网页内容;r. apparent_encoding:根据网页内容分析出的编码方式可看成 r. encoding 的备选。

在进行网络爬虫的过程中,不可避免地会遇到一定的风险。因此,需要在连接的过程中,加入异常处理机制。Requests 库异常对象类型见表 8.3。

表 8.3　Requests **库异常**

异　　常	说　　明
requests. ConnectionError	网络连接错误异常,如 DNS 查询失败、拒绝连接等
requests. HTTPError	HTTP 错误异常
requests. URLRequired	URL 缺失异常
requests. TooManyRedirects	超过最大重定向次数,产生重定向异常
requests. ConnectTimeout	连接远程服务器超时异常
requests. Timeout	请求 URL 超时,产生超时异常

爬取网页的通用代码框架如下:

```
import requests
def getHTMLText(url):
    try:
        r = requests. get(url, timeout=30)
        r. raise_for_status()    #如果状态不是 200,引发 HTTPError 异常
        r. encoding = r. apparent_encoding
        return r. text
    except:
        return "产生异常"


if _name_=="_main_":
    url = "https://weibo. com/"
    print(getHTMLText(url))
```

程序运行结果为指定网页对应的 HTML 文档,具体如下:

```
<! DOCTYPE html>
<html>
<head>
    <meta http-equiv="Content-type" content="text/html; charset=gb2312"/>
    <title>Sina Visitor System</title>
</head>
<body>
<span id="message"></span>
<script type="text/javascript" src="/js/visitor/mini_original. js? v=20161116"></script>
<script type="text/javascript">
    window. use_fp = "1" == "1"; //是否采集设备指纹
 var url = url || {};
```

```
(function () {
    this. l = function (u, c) {
        try {
            var s = document. createElement("script");
            s. type = "text/javascript";
            s[document. all ? "onreadystatechange" : "onload"] = function () {

                if (document. all && this. readyState ! = "loaded" && this. readyState ! =
"complete") {

                    return
                }
                this[document. all ? "onreadystatechange" : "onload"] = null;
                this. parentNode. removeChild(this);
                if (c) {
                    c()
                }
            };
            s. src = u;
            document. getElementsByTagName("head")[0]. appendChild(s)
        } catch (e) {
        }
    };
}). call(url);


//流程入口
wload(function () {

    try {

        var need_restore = "1" == "1"; //是否走恢复身份流程

        //如果需要走恢复身份流程,尝试从 cookie 获取用户身份
        if (! need_restore || ! Store. CookieHelper. get("SRF")) {

            //若获取失败走创建访客流程
            //流程执行时间过长(超过 3 s),则认为出错
            var error_timeout = window. setTimeout("error_back()",5000);
```

```
        tid. get(function (tid, where, confidence) {
          //取指纹顺利完成,清除出错 timeout
          window. clearTimeout( error_timeout) ;
            incarnate( tid, where, confidence) ;
        }) ;
      } else {
        //用户身份存在,尝试恢复用户身份
        restore( ) ;
      }
    } catch (e) {
    //出错
    error_back( ) ;
    }
});


//"返回"回调函数
var return_back = function (response) {

    if (response["retcode"] ==20000000) {
      back( ) ;
    } else {
      //出错
      error_back(response["msg"]) ;
    }
};


//跳转回初始地址
var back = function( ) {

    var url = "https://weibo. com/";
    if (url ! = "none") {
        window. location. href = url;
    }
};


//跨域广播
```

```
var cross_domain = function (response) {

    var from = "weibo";
    var entry = "miniblog";
    if (response["retcode"] == 20000000) {

        var crossdomain_host = "login. sina. com. cn";
        if (crossdomain_host ! = "none") {

            var cross_domain_intr = window. location. protocol + "//" + crossdomain_host + "/
visitor/visitor? a=crossdomain&cb=return_back&s=" +
                encodeURIComponent(response["data"]["sub"]) + "&sp=" + encodeURICom-
ponent(response["data"]["subp"]) + "&from=" + from + "&_rand=" + Math. random ( ) +
"&entry=" + entry;
                url. l(cross_domain_intr);
            } else {

                back();
            }
        } else {

            //出错
            error_back(response["msg"]);
        }
    };


    //为用户赋予访客身份
    var incarnate = function (tid, where, conficence) {

        var gen_conf = "";
        var from = "weibo";
        var incarnate_intr = window. location. protocol + "//" + window. location. host + "/visi-
tor/visitor? a=incarnate&t=" +
            encodeURIComponent(tid) + "&w=" + encodeURIComponent (where) + "&c=" +
encodeURIComponent(conficence) +
                "&gc=" + encodeURIComponent(gen_conf) + "&cb=cross_domain&from=" + from
+ "&_rand=" + Math. random();
```

```
        url. l( incarnate_intr) ;
    } ;


    //恢复用户丢失的身份
    var restore = function ( ) {

        var from = "weibo";
        var restore_intr = window. location. protocol + "//" + window. location. host +
            "/visitor/visitor? a = restore&cb = restore_back&from =" + from + "&_rand =" + Math.
random( ) ;

        url. l( restore_intr) ;
    } ;


    //跨域恢复丢失的身份
    var restore_back = function (response) {

        //身份恢复成功走广播流程,否则走创建访客流程
        if (response["retcode"] = = 20000000) {

            var url = "https://weibo. com/";
            var alt = response["data"]["alt"];
            var savestate = response["data"]["savestate"];
            if (alt ! = "") {
                requrl = (url = = "none") ? "" : "&url =" + encodeURIComponent( url) ;
                var params = "entry = sso&alt =" + encodeURIComponent ( alt) + "&returntype
= META" +
                    "&gateway = 1&savestate =" + encodeURIComponent( savestate) + requrl;
                window. location. href = "https://login. sina. com. cn/sso/login. php?" + params;
            } else {

                cross_domain( response) ;
            }
        } else if( response['retcode'] = = 50111261&& isInIframe( )) {
            //do nothing
        } else {
```

```
        tid. get(function (tid, where, confidence) {
            incarnate(tid, where, confidence);
        });
    }
};


//出错情况返回登录页
var error_back = function (msg) {

    var url = "https://weibo.com/";
    var clientType = "pc";
    if (url ! = "none") {

        if (url.indexOf("ssovie4c55 = 0") = = = -1) {
            url += (((url.indexOf("?") = = = -1) ? "?" : "&") + "ssovie4c55 = 0");
        }
        if (clientType = = "mobile") {
            window.location.href = "https://passport.weibo.cn/signin/login? r ="+url;
        } else{
            window.location.href = "https://weibo.com/login.php";
        }
    } else {

        if(document.getElementById("message")) {
        document.getElementById("message").innerHTML = "Error occurred" + (msg ?
(": " + msg) : ".");
        }
    }
};


    var isInIframe = function () {
        try {
            return window.self ! = = window.top;
        } catch (e) {
            return true;
        }
    };
```

</script>

</body>

</html>

Process finished with exit code 0

#注释内容

8.2.2　BeautifulSoup 库

1）BeautifulSoup 库简介

简单来说，Beautiful Soup 是 Python 的一个库，最主要的功能是能从网页中抓取数据。Beautiful Soup 提供一些简单的、Python 式的函数用来处理导航、搜索、修改分析树等功能。它是一个工具箱，通过解析文档为用户提供需要抓取的数据，因为简单，所以不需要多少代码就可写出一个完整的应用程序。Beautiful Soup 自动将输入文档转换为 Unicode 编码，输出文档转换为 utf-8 编码。Beautiful Soup 已成为与 lxml 和 html6lib 一样出色的 Python 解释器，为用户灵活地提供不同的解析策略或强劲的速度。

2）BeautifulSoup 库安装

Beautiful Soup 3 目前已停止开发，目前现在的项目中推荐使用 Beautiful Soup 4，不过它已被移植到 BS4 了，也就是说导入时需要使用 import bs4。

可利用 pip 或 easy_install 来安装，以下两种方法均可：

- easy_install beautifulsoup4
- pip install beautifulsoup4

Beautiful Soup 支持 Python 标准库中的 HTML 解析器，还支持一些第三方的解析器。如果不安装它，则 Python 会使用 Python 默认的解析器，lxml 解析器更加强大，速度更快，推荐安装。BeautifulSoup 库解析器见表 8.4。

表 8.4　BeautifulSoup 库解析器

解析器	使用方法	条　件
bs4 的 HTML 解析器	BeautifulSoup(mk,'html. parser')	安装 bs4 库
lxml 的 HTML 解析器	BeautifulSoup(mk,'lxml')	pip install lxml
lxml 的 XML 解析器	BeautifulSoup(mk,'xml')	pip install xml
html5lib 的解析器	BeautifulSoup(mk,'html5lib')	pip install html5lib

对 BeautifulSoup 库的引用方式共有两种，分别为：

①from bs4 import BeautifulSoup

②import bs4

下面给出一个简单的例子来展示 BeautifulSoup 库的应用。

```
import requests
from bs4 import BeautifulSoup
r = requests. get("http://www. sina. com. cn")
r. encoding = "utf-8"
demo = r. text
print(demo)
soup = BeautifulSoup(demo,"html. parser")
print(soup. prettify())    #perttify()让 HTML 页面以更加"友好"的方式显示
```

Beautiful Soup 将复杂 HTML 文档转换成一个复杂的树形结构,BeautifulSoup 类的基本元素共有 5 种,见表 8.5。

表 8.5   BeautifulSoup 类基本元素

基本元素	说　明
Tag	标签,最基本的信息组织单元,分别用<>和</>标明开头和结尾
Name	标签的名字,<p>…</p>的名字是'p',格式:<tag>. name
Attributes	标签的属性,字典形式组织,格式:<tag>. attrs
NavigableString	标签内非属性字符串,<>…</>中字符串,格式:<tag>. string
Comment	标签内字符串的注释部分,一种特殊的 Comment 类型

任何存在于 HTML 语法中的标签都可用 soup. <tag>访问获得。当 HTML 文档中存在多个相同<tag>对应内容时,soup. <tag>返回第一个。

```
import requests
from bs4 import BeautifulSoup
r = requests. get("http://www. sina. com. cn")
r. encoding = "utf-8"    #设置编码格式
demo = r. text
soup = BeautifulSoup(demo,"html. parser")
print(soup. title)    #<title>新浪首页</title>
print(soup. a)
print(soup. a. name)
print(soup. a. parent. name)
print(soup. a. attrs)
print(soup. p. string)
print(type(soup. p. string))
print(soup. b. string)
```

程序运行结果为:

\<title>新浪首页\</title>

\<a class＝"tn-tab" href＝"javascript：；" suda-uatrack＝"key＝index_new_menu&amp；value＝set_index">\<i>设为首页\</i>

\</a>

a

div

｛'href'：'javascript：；'，'class'：［'tn-tab'］，'suda-uatrack'：'key＝index _ new _ menu&value＝set_index'｝

None

\<class 'NoneType'>

新闻

8.2.3　Re 库介绍

正则表达式（Regular expression，Re）库是 Python 的标准库。它主要用于字符串匹配。它可用来简洁表达一组字符串的表达式。简单例子见表8.6。

表 8.6　正则表达式表达一组字符串简单例子

一组字符串	简洁表达（正则表达式）
'PN'	P（Y|YT|YTH|YTHO）？N
'PYN'	
'PYTN'	
'PYTHN'	
'PYTHON'	

对正则表达式，其语法由字符和操作符构成。表8.7介绍了正则表达式常用操作符。

表 8.7　正则表达式常用字符

操作符	说　明	实　例
.	表示任何单个字符	
[ ]	[ ]字符集，对单个字符给出取值范围	[abc]表示 a、b、c，[a-z]表示 a 到 z 单个字符
[^]	[^]非字符集，对单个字符给出排除范围	[^abc]表示非 a 或 b 或 c 的单个字符
*	*前一个字符 0 次或无限次扩展	abc * 表示 ab、abc、abcc、abccc 等
+	+前一个字符 1 次或无限次扩展	abc+表示 abc、abcc、abccc 等
?	? 前一个字符 0 次或 1 次扩展	abc? 表示 ab、abc
|	|左右表达式任意一个	abc|def 表示 abc、def
{m}	扩展前一个字符 m 次	ab{2}c 表示 abbc
{m, n}	{m, n}扩展前一个字符 m 至 n 次（含 n）	ab{1,2}c 表示 abc、abbc

续表

操作符	说　明	实　例
^	^匹配字符串开头	^abc 表示 abc 且在一个字符串的开头
$	$ 匹配字符串结尾	abc $ 表示 abc 且在一个字符串的结尾
( )	( )分组标记,内部只能使用|操作符	(abc)表示 abc,(abc|def)表示 abc、def
\d	\d 数字,等价于[0-9]	
\w	\w 单词字符,等价于[A-Za-z0-9_]	

正则表达式常用操作符应用实例见表8.8。

表8.8　正则表达式语法实例

正则表达式	对应字符串
P(Y|YT|YTH|YTHO)?	'PN','PYN','PYTN','PYTHN','PYTHON'
PYTHON+	'PYTHON','PYTHONN','PYTHONNN'…
PY[TH]ON	'PYTON','PYHON'
PY[^TH]? ON	'PYON','PYaON','PYbON','PYcON'…
PY{:3}N	'PN','PYN','PYYN','PYYYN'…

8.3　猫眼电影网络爬虫的设计与实现

本部分在介绍网络爬虫的过程中利用 Requests 库和正则表达式(Re 库)来抓取猫眼电影榜单 TOP100 的相关内容。以此为例介绍网络爬虫的具体用法。

8.3.1　网络爬虫的总体设计

根据网络爬虫的概要设计,本例的网络爬虫是一个自动提取网页的程序,根据设定的主题判断其是否与主题相关,再根据配置文件中的页面配置继续访问其他的网页,并将其下载下来,直到满足用户的需求。具体步骤如下:

①获取单页源码。利用 requests 请求得到目标站点的 HTML 代码。

②解析单页源码。利用正则表达式提取 HTML 代码中电影名称、主演、上映时间、评分等信息。

③保存文件。提取出所需要的信息,并将其保存到 txt 格式文件中。

8.3.2　具体实现过程

1）爬取分析

①爬取网页 URL 为 url = "https://maoyan.com/board/4"，如图 8.3 所示。

图 8.3　爬取到的网页

②翻页问题。将网页翻到最底部，发现有分页，单击下一页，如图 8.4 所示。此时，分析第一页 url 没有出现 offset，第二页 offset（偏移量）为 10，第三页 offset = 20，…；第十页 offset = 90。

图 8.4　分页问题

2）爬取解析页面

（1）爬取一个页面

首先抓取一个页面的内容，这里实现了 get_one_page( )方法，并给它传入 url 参数；然后将抓取的页面结果返回；最后通过 main( )方法调用。初步代码实现如下：

　　def get_one_page(url)：

```
    try:
        headers = {
            'User-Agent': 'Mozilla/ 5.0(Macintosh; Intel Mac OS X 10_13_3) AppleWebKit/
537.36(KHTML, like Gecko) Chrome/70.0.3538.110 Safari/537.36'
        }
        response = requests.get(url, headers=headers)
        if response.status_code == 200:
            return response.text
        return None
    except RequestException:
        return None
```

（2）提取页面

这里，将上面获取的页面用正则提取出来。注意，此处不要在 Elements 选项卡中直接查看源码，因那里的源码可能经过 JavaScript 操作而与原始请求不同，而是需要从 Network 选项卡部分查看原始请求得到的源码。

```
def parse_one_page(html):
    pattern = re.compile('<dd>.*? board-index.*? >(\d+)</i>.*? data-src=
"(.*?)".*? name"><a'
                        + '.*? >(.*?)</a>.*? star">(.*?)</p>.*?
releasetime">(.*?)</p>'
                        + '.*? integer">(.*?)</i>.*? fraction">(.*?)</i>.*?
</dd>', re.S)
    items = re.findall(pattern, html)
    for item in items:
        yield {
            'index': item[0],
            'image': item[1],
            'title': item[2],
            'actor': item[3].strip()[3:],
            'time': item[4].strip()[5:],
            'score': item[5] + item[6]
        }
```

（3）写入文件

```
def write_to_file(content):
    with open('result.txt', 'a', encoding='utf-8') as f:
```

```
f. write(json. dumps(content, ensure_ascii=False) + '\n')
```

（4）main（）：对外的接口函数

```
def main(offset):
    url = 'http://maoyan. com/board/4? offset=' + str(offset)
    html = get_one_page(url)
    for item in parse_one_page(html):
        print(item)
        write_to_file(item)
```

（5）爬取所有页面电影信息

利用 if _name_ == '_main_'函数，将 main 函数的参数 offset 传过去。具体代码如下：

```
if _name_ == '_main_':
    for i in range(10):
        main(offset=i * 10)
        time. sleep(2)
```

3）完整代码

8.3.3　爬虫结果

经过上述网络爬虫案例的执行，最终结果保存到 result. txt 文件中，如图 8.5 所示。

完整代码

```
{"index": "1", "image":
"https://p0.meituan.net/movie/414176cfa3fea8bed9b579e9f42766b9686649.jpg
@160w_220h_1e_1c", "title": "我不是药神", "actor": "徐峥,周一围,王传君", "time":
"2018-07-05", "score": "9.6"}
{"index": "2", "image":
"https://p0.meituan.net/movie/8112a8345d7f1d807d026282f2371008602126.jpg
@160w_220h_1e_1c", "title": "肖申克的救赎", "actor": "蒂姆·罗宾斯,摩根·弗里曼,鲍勃·
冈顿", "time": "1994-09-10(加拿大)", "score": "9.5"}
{"index": "3", "image":
"https://p1.meituan.net/movie/c9b280de01549fcb71913edec05880585769972.jp
g@160w_220h_1e_1c", "title": "绿皮书", "actor": "维果·莫腾森,马赫沙拉·阿里,琳达·卡
德里尼", "time": "2019-03-01", "score": "9.5"}
```

图 8.5　Top 100 爬虫结果（部分）

本章小结

通过本章的学习，能对爬虫的基本概念、主要分类、爬虫工作原理及常用爬虫使用到

的库等理论知识有一个大致的了解;同时也能通过案例——抓取猫眼电影榜单 TOP100,对网络数据爬取过程具有更深入的了解,为进一步爬取网络中的其他数据奠定良好的编程基础。

练习题 8

练习题 8

第9章　高性能科学计算 Numpy

Numpy 是高性能科学计算和数据分析的基础包。它不仅用于科学计算,还可作为容纳多维数据的容器,并提供了多种函数来操作数组元素。通常它与 pandas、matplotlib 等第三方扩展库一起来使用,实现数据分析,为用户制订合理决策提供数据支持。

本章主要讲述以下知识点:

①Numpy 库简介与安装。

②Numpy 数组对象,包括 Numpy 数据类型、数组属性、数组创建、切片、索引、高级索引及广播机制。

③Numpy 数组操作,包括修改数组形状、翻转数组、组合数组及分割数组。

④Numpy 函数运算,包括对数组进行数学运算、排序、条件筛选、统计及线性代数等运算。

9.1　Numpy 简介与安装

Numpy 是 Numerical Python 的简称,是 Python 语言的一个扩展程序库,支持大量的维度数组与矩阵运算,也针对数组运算提供大量的数学函数库。它为开放源代码,且由许多协作者共同维护开发,本质上就是一个运行速度非常快的数学库,多用于数组计算。它包含以下基本功能:

①一个强大的 N 维数组对象 ndarray,具备矢量算术运算和复杂广播能力,且节省空间。

②提供标准的数学函数,无须编写循环就可实现数组的快速运算。

③提供了丰富的用于读写磁盘数据的工具。

④提供了用于操作内存映射文件的工具。

⑤提供了用于整合 C/C++/Fortran 等语言编写的代码的工具。

⑥具备线性代数、傅里叶变换、随机数生成等功能。

若要使用 Numpy 库所具有的上述功能,还需要先进行安装。这里主要介绍两种简便的安装方式:一种是通过在命令行中输入 pip install numpy 来完成;另一种则是使用前面配置

好的 PyCharm 简单安装(首先打开 PyCharm,单击 File,再单击 settings;然后单击 project 下面的 project Interpreter;最后根据需要导入第三方库)。

当 Numpy 库安装成功后,就可在程序中输入 import numpy as np 命令导入 Numpy 库并开始使用了。注意,这里的 np 表示为该库的别名。若要查看 Numpy 库安装的版本,则可输入命令:np. _version_。

```
>>> import numpy as np
>>> np. _version_
'1. 19. 5'
```

9.2 Numpy 数组对象

N 维数组对象 ndarray 是 NumPy 中最重要的一个特点。本质上来说,它是一系列同类型数据的集合,集合中元素的索引或下标以 0 开始的。ndarray 对象可看成一个用于存放同类型元素的多维数组,且其中的每一个数据元素在内存中占据相同大小的存储区域。

ndarray 对象内部包含实际数据和描述这些数据的元数据,具体内容如下:

①一个指向实际数据(内存或内存映射文件中的一块数据)的指针。

②数据类型或 dtype,用于描述在数组中的固定大小值的格子。

③一个表示数组形状(shape,即各维度大小)的元组。

④一个跨度元组(stride),其中的整数指的是为了前进到当前维度下一个元素需要"跨过"的字节数。

9.2.1 Numpy 数据类型

与 Python 内置的数据类型相比,Numpy 支持的数据类型是较多的,基本上可与 C 语言中的数据类型一一对应上,并包含了一部分 Python 内置类型。每一个内置类型都含有一个唯一与之对应的字符代码,见表 9.1。

表 9.1 Numpy 支持的数据类型

数据类型	类型代码	说　明
int8,uint8	i1,u1	有符号和无符号的 8 位整型(占据 1 个字节)
int16,uint16	i2,u2	有符号和无符号的 16 位整型(占据 2 个字节)
int32,uint32	i4,u4	有符号和无符号的 32 位整型(占据 4 个字节)
int64,uint64	i8,u8	有符号和无符号的 64 位整型(占据 8 个字节)
float16	f2	半精度浮点数

数据类型	类型代码	说　明
float32	f4 或 f	单精度浮点数,与 C 的 float 兼容
float64	f8 或 d	双精度浮点数,与 C 的 double 兼容
float128	f16 或 g	扩展精度浮点数
complex64,complex128, complex256	c8,c16,c32	分别使用 2 个 32 位,64 位或 128 位浮点数表示的复数
bool	?	布尔类型,存储 True 和 False 值
object	O	Python 对象类型
string_	S	固定长度的字符串类型(每个字符占据 1 个字节)
str_	U	固定长度的 unicode 类型(所占字节数依赖于平台)
datetime64	M	日期时间类型

　　上述介绍的 Numpy 支持的数据类型实际上是数据类型对象(dtype 对象)的实例,使用以下语法可以构造 dtype 对象:

numpy. dtype(object, align, copy)

其中,object 表示要转换为的数据类型对象,比较常用。

具体代码使用方法如下:

```
>>> import numpy as np
#使用数据类型
>>> np. dtype(np. int8)
dtype('int8')
>>> np. dtype(np. int16)
dtype('int16')
>>> np. dtype(np. int32)
dtype('int32')
>>> np. dtype(np. int64)
dtype('int64')
#使用数据类型对应的类型代码
>>> np. dtype('i1')
dtype('int8')
>>> np. dtype('i2')
dtype('int16')
>>> np. dtype('i4')
dtype('int32')
>>> np. dtype('i8')
```

dtype('int64')

#创建结构化数据类型,同时创建类型字段和对应的数据类型

>>> np. dtype([('name', np. string_), ('age', np. int16), ('sex', np. bool)])

dtype([('name', 'S'), ('age', '<i2'), ('sex', '?')])

9.2.2 Numpy 数组属性

Numpy 数组中主要包含的属性见表9.2。

表9.2 Numpy 数组属性及说明

属 性	说 明
ndim	表示数组的维数,也称秩,即轴的数量或维度的数量
shape	表示数组的维度,即数组包含的 m 行 n 列
size	表示数组中所包含的元素总个数,即 m * n
dtype	表示数组中元素的数据类型
itemsize	表示数组中每个元素的大小,一般以字节为单位

以下代码展示了数组的各个属性信息:

>>> import numpy as np

>>> a = np. array([[1,2,3],[4,5,6],[7,8,9]])

>>> a

array([[1,2,3],

       [4,5,6],

       [7,8,9]])

>>> a. ndim   #访问数组 a 的维数

2

>>> a. shape   #访问数组 a 的维度,即 3 行 3 列

(3,3)

>>> a. size   #访问数组 a 中所含元素总个数

9

>>> a. dtype   #访问数组 a 中每一个元素的数据类型

dtype('int32')

>>> a. itemsize   #访问数组 a 中每一个元素所占内存大小

4

9.2.3 Numpy 数组的创建

Python 提供了一系列函数用于创建 ndarray 数组,见表9.3。

表 9.3　创建 ndarray 数组的函数

函数名称	功能说明
array(a, dtype)	将输入数据(如元组、列表、数组或其序列类型等)转换为 ndarray 数组
asarray(a, dtype)	将输入数据 a(如元组、列表、数组或其序列类型等)转换为 ndarray 数组
arange(start, end, step, dtype)	根据 start 与 stop 指定的范围以及 step 设定的步长,生成一个 ndarray
ones(shape, dtype)	根据指定形状 shape 和 dtype 创建一个全 1 数组
zeros(shape, dtype)	根据指定形状 shape 和 dtype 创建一个全 0 数组
full(shape, value, dtype)	根据指定形状 shape 和 dtype 创建一个数组,数据中元素是指定常数值
empty(shape, dtype)	根据指定形状 shape 和 dtype 创建一个未初始化值的数组,数据元素可能是内存位置上存在的任何数值
eye, identity	创建一个 N * N 的单位矩阵(主对角线上全是 1,其余位置为 0)
linspace(start, stop, num=50, endpoint=True, dtype=None)	创建一个包含 num 个数据元素的一维数组,数组是一个等差数列构成的,起始值为 start,终止值为 stop,若 endpoint 为 True,则数组中包含 stop; dtype 表示数据类型
logspace(start, stop, num=50, endpoint=True, base=10.0, dtype=None)	创建一个包含 num 个数据元素的一维数组,数组是一个等比数列构成的,起始值为 base ** start,终止值为 base ** stop,若 endpoint 为 True,则数组中包含 base ** stop; dtype 表示数据类型

以下代码展示了通过上述函数创建 ndarray 数组的方式:

在某些特殊情况下,有时需要获取一些概率性随机数据来做实验。此时,就需要借助于 Numpy 中的 random 模块,该模块内部包含了许多用以生成服从多种概率随机数的函数,见表 9.4。

函数创建 ndarray
数组的方式

表 9.4　生成服从多种概率随机数的函数

函数名称	功能说明
seed	确定随机数生成器的种子
shuffle	对某个特定序列就地随机排序
random	生成指定形状的值为 0~1 的随机数组,接受一个参数。若生成 1 维数组,则传递一个参数 x,若生成二维数组,则传递一个参数(x,y)
rand	生成指定形状的值为 0~1 的随机数组,接收多个参数。若生成 1 维数组,则传递一个参数 x,若生成两维数组,则传递两个参数 x,y
randint	获取特定上下限范围内的随机整数
randn	生成服从均值为 0,标准差为 1 的标准正态分布随机数

续表

函数名称	功能说明
binomial	产生符合二项分布的样本值
normal	生成指定均值和标准差的正态分布随机数
beta	产生符合 beta 分布的样本值
chisquare	产生符合卡方分布的样本值
gamma	产生符合 Gamma 分布的样本值
uniform	产生在[0,1)中均匀分布的样本值

以下代码展示了上述几类主要函数的使用方法：

9.2.4 Numpy 切片和索引

与 Python 中列表索引和切片操作类似,对 ndarray 对象中的内容也可使用索引和切片进行元素访问、添加、修改及删除操作。这里主要介绍一维数组和二维数组的索引与切片。

通过 Python 内置函数 slice( )与 start, end, step 3 个参数结合进行切片操作,以便从原始数组中选取部分元素形成新数组;当然,也可使用两个冒号隔开的 3 个数字,如[start：end；step]这种形式来做切片操作。具体代码如下：

函数的使用方法

Numpy 切片和
索引代码示例

9.2.5 Numpy 高级索引

Numpy 中提供了更多索引方式,一般称为高级索引。例如,整数数组索引、花式索引和布尔索引。

1)整数数组索引

基于 N 维索引来获取数组中任意元素,每个整数数组表示该维度的下标值。高级和基本索引可通过使用切片或省略号...与索引数组组合。

```
#整数数组索引
>>> a3 = np. array([['a','b','c','d'],[0,1,2,3],[4,5,6,7]])
>>> a3
array([['a', 'b', 'c', 'd'],
       ['0', '1', '2', '3'],
       ['4', '5', '6', '7']], dtype = '<U1')
#获取二维数组中第二行第一列(2,1)的数据元素,第三行第四列(3,4)的数据元素
>>> a3[[1,2],[0,3]]    #行索引号与列索引号分别为一个整数数组
array(['0', '7'], dtype = '<U1')
```

#获取二维数组中位置为(0,0)，(0,1)，(2,1)，(2,2)，(3,2)，(2,3)的数据元素
>>> a4=np.array([[1,2,3,4],[5,6,7,8],[9,10,11,12],[13,14,15,16]])
>>> a4
array([[1,2,3,4],
　　　　[5,6,7,8],
　　　　[9,10,11,12],
　　　　[13,14,15,16]])
>>> r=np.array([[0,0],[2,2],[3,2]])　#行索引
>>> r
array([[0,0],
　　　　[2,2],
　　　　[3,2]])
>>> c=np.array([[0,1],[1,2],[2,3]])　#列索引
>>> c
array([[0,1],
　　　　[1,2],
　　　　[2,3]])
>>> a4[r, c]
array([[1,2],
　　　　[10,11],
　　　　[15,12]])
#使用:和...符号与索引数组结合访问二维数组中的元素
>>> a5=a4[...,1::2]　#获取二维数组中所有行第二列和第四列的数据元素
>>> a5
array([[2,4],
　　　　[6,8],
　　　　[10,12],
　　　　[14,16]])
>>> a6=a4[0:3,[1,2,3]]　#获取二维数组中第一行、第二行、第三行中的第二列、第三列与第四列的数据元素
>>> a6
array([[2,3,4],
　　　　[6,7,8],
　　　　[10,11,12]])
>>> a7=a4[0:3:2,1:3]　#获取二维数组中第一行、第三行中的第二列和第三列的数据元素
>>> a7

```
array([[2,3],
       [10,11]])
```

2）布尔索引

布尔索引是指由布尔运算所得的值为 True 或 False 的一个布尔数组来作为索引来访问原始数组中的元素,用以将值为 True 对应位置上的元素筛选出来构建目标数组。具体代码如下:

```
>>> b=np.array([[1,3,5,7,9],[2,3,4,6,8],[11,12,13,14,15]])
>>> b
array([[1,3,5,7,9],
       [2,3,4,6,8],
       [11,12,13,14,15]])
>>> b[b%2==0]    #通过布尔索引过滤掉数据中值为奇数的数据元素
array([2,4,6,8,12,14])
>>> b[b%2!=0]    #通过布尔索引过滤掉数据中值为偶数的数据元素
array([1,3,5,7,9,3,11,13,15])
>>> b1=np.array([[np.nan,12,13],[14,15,np.nan],[1+2j,3-2j,np.nan]])
>>> b1
array([[nan+0.j,12.+0.j,13.+0.j],
       [14.+0.j,15.+0.j, nan+0.j],
       [1.+2.j,3.-2.j, nan+0.j]])
#过滤掉数组中的非 nan 值
>>> b1[np.isnan(b1)]
array([nan+0.j, nan+0.j, nan+0.j])
#过滤掉数组中的非复数
>>> b1[np.iscomplex(b1)]
array([1.+2.j,3.-2.j])
```

3）花式索引

花式索引主要指的是利用整数数组作为索引进行数据元素的访问。当采用一维整型数组作为索引时,如果目标对象为一维数组,那么索引访问结果就是对应位置的数据元素;如果是二维数组,那么索引访问获取到的就是对应下标的行数据。有时会使用多个一维数组作为索引,此时需要结合 np.ix_一起来使用。与普通切片不同,花式索引会将数据复制到一个新数组中存放起来。具体代码如下:

```
>>> c=np.array([[0,1,2,3],[4,5,6,7],[8,9,10,11],[12,13,14,15]])
>>> c
array([[0,1,2,3],
```

```
      [4,5,6,7],
      [8,9,10,11],
      [12,13,14,15]])
#传入正序索引数组
>>> c[[0,1,3]]   #获取数组中第一行、第二行和第四行的数据元素
array([[0,1,2,3],
      [4,5,6,7],
      [12,13,14,15]])
#传入逆序索引数组
>>> c[[-1,-3,-2]]   #获取数组中倒数第一行、第三行和第二行的数据元素
array([[12,13,14,15],
      [4,5,6,7],
      [8,9,10,11]])
#使用 np.ix_传入多个索引数组
>>> c[np.ix_([1,2,3],[0,2,3])]   #获取数组中第二行、第三行和第四行中的第一
列、第二列、第三列的数据元素
array([[4,6,7],
      [8,10,11],
      [12,14,15]])
```

9.2.6 Numpy 广播

当两个数组 a,b 形状相同时,也就是说 a.shape 与 b.shape 相等时,若对其执行 a * b 或者 a+b,那么对应位置上的数据元素会进行相应的乘法或加法运算。例如:

```
>>> import numpy as np
>>> a=np.array([[1,2,3],[4,5,6],[7,8,9]])
>>> a
array([[1,2,3],
      [4,5,6],
      [7,8,9]])
>>> b=np.array([[10,11,12],[13,14,15],[16,17,18]])
>>> b
array([[10,11,12],
      [13,14,15],
      [16,17,18]])
>>> a+b
array([[11,13,15],
      [17,19,21],
```

$$[23,25,27]])$$

```
>>> a * b
array([[10,22,36],
        [52,70,90],
        [112,136,162]])
```

但是,有时执行运算的两个数组形状并不相同,该怎么办呢? 此时,它们也是可执行相关运算的,主要依赖于广播机制。Numpy 中的广播机制主要是针对不同形状的数组进行算术运算的方式。

广播机制所遵循的规则如下:

①所有输入数组都向其中形状最长的数组看齐,形状中不足的部分都通过在前面加 1 补齐。

②输出数组的形状是输入数组形状的各个维度上的最大值。

③如果输入数组的某个维度和输出数组的对应维度的长度或其长度为 1 时,这个数组能用来计算,否则出错。

④当输入数组的某一个维度的长度为 1 时,沿着此维度运算时,都用此维度上的第一组值。

```
>>> import numpy as np
>>> a1 = np. array([[1,2,3],[4,5,6],[7,8,9]])  #3 行 3 列的二维数组
>>> a1
array([[1,2,3],
        [4,5,6],
        [7,8,9]])
>>> a2 = np. array([[10],[11],[12]])  #3 行 1 列的二维数组
>>> a1+a2
array([[11,12,13],
        [15,16,17],
        [19,20,21]])
>>> a3 = np. array([1,2,3])  #1 行 3 列的二维数组
>>> a1+a3
array([[2,4,6],
        [5,7,9],
        [8,10,12]])
```

以上 a1+a2,a1+a3 运算时,会出发广播机制,具体的工作原理如下:

a1(3,3)

1	2	3
4	5	6
7	8	9

+

a2(3,1)

10	10	10
11	11	11
12	12	12

=

结果(3,3)

11	12	13
15	16	17
19	20	21

a1(3,3)

1	2	3
4	5	6
7	8	9

+

a3(,3)

1	2	3
1	2	3
1	2	3

=

结果(3,3)

2	4	6
5	7	9
8	10	12

9.3　Numpy 数组操作

Numpy 中提供了很多函数用于实现对数据的基本操作,如修改数组形状、翻转数组、修改数组维度、组合数组及分割数组等。

9.3.1 修改数组形状

Python 为 ndarray 数组对象提供一系列内置函数修改数组的形状,见表9.5。

表9.5 用于修改数组形状的函数及功能说明

函数名	功能说明
reshape	在不变动原始数组的条件下,修改数组的形状
flat	数组元素迭代器
flatten	返回一份数组拷贝,对拷贝所做的修改并不会影响原始数组
ravel	将数组展开后,并作为结果返回

上述函数的语法格式及具体使用方法详见下述的代码。

1) reshape 函数

该函数的语法格式:

reshape(arr, newshape, order = 'C')

其中,arr 表示将要被修改形状的原始数组;newshape 表示数组修改后的新形状,一般取值为整数或整数数组;order 表示原始数组中元素以何种顺序变化为新数组中的元素,主要取值有以下几种:'C'为按行顺序,'F'为按列展开,'A'为原顺序,而'k'表示按照元素在内存中出现的顺序,默认值为'C'。

```
>>> import numpy as np
>>> a=np. arange(1,18,3)    #原始数组为 1 行 6 列
>>> print('原始数组为:')
原始数组为:
>>> a
array([1,4,7,10,13,16])
>>> b=a. reshape(2,3)    #将原始数组转换为 2 行 3 列
>>> print('修改形状后的新数组为:')
修改形状后的新数组为:
>>> b
array([[1,4,7],
       [10,13,16]])
>>> c=a. reshape(3,2)    #将原始数组转换为 3 行 2 列
>>> print('修改形状后的新数组为:')
修改形状后的新数组为:
>>> c
```

array([[1,4],

　　　　[7,10],

　　　　[13,16]])

2) flat

若要访问数组中的数据元素,可使用 for 循环,也可使用 flat 属性,该属性是一个数组元素迭代器。具体代码如下:

>>> import numpy as np

>>> a＝np. arange(1,24,3). reshape(4,2)　#一个 4 行 2 列的原始数组

>>> a

array([[1,4],

　　　　[7,10],

　　　　[13,16],

　　　　[19,22]])

>>> for i in a:　#访问数组中的每一行数据元素

…　　　print(i)

…

[1 4]

[7 10]

[13 16]

[19 22]

>>> for item in a. flat:　#访问数组元素迭代器-flat 属性

…　　　print(item)

…

1

4

7

10

13

16

19

22

9.3.2　翻转数组

Numpy 提供了一些函数用于翻转数组,见表 9.6。

表9.6　翻转数组的函数以及功能说明

函数名	功能说明
transpose	对换数组的维度
ndarray. T	与 self. transpose() 相同
rollaxis	向后滚动指定的轴
swapaxes	对换数组的 2 个轴

transpose 函数用于对换数组的维度,语法格式:

transpose(arr, axes)

其中,arr 表示待操作的原始数组;axes 为整数列表,表示对应维度,通常所有维度都会对换。通过 ndarray. T 也可实现与 transpose 函数相同的效果,可用于实现数组转置。

```
>>> import numpy as np
>>> a = np. arange(1,11)
>>> b = a. reshape(5,2)    #定义 1 个 5 行 2 列的数组
>>> print('原始数组为:')
原始数组为:
>>> b
array([[1,2],
       [3,4],
       [5,6],
       [7,8],
       [9,10]])
>>> print ('对换数组:')
>>> np. transpose(b)
array([[1,3,5,7,9],
       [2,4,6,8,10]])
>>> print ('转置数组:')
>>> b. T
array([[1,3,5,7,9],
       [2,4,6,8,10]])
```

9.3.3　组合数组

Numpy 中提供了表9.7 所列的函数,用于对数组进行组合或连接操作。

表 9.7　用于组合数组的函数

函数名	功能说明
concatenate	组合或连接现有轴的数组序列
stack	沿着新的轴加入一系列数组
hstack	水平堆叠序列中的数组（列方向）
vstack	竖直堆叠序列中的数组（行方向）

1）concatenate 函数

该函数用于沿指定轴连接相同形状的两个或多个数组，语法格式：

concatenate((a1, a2, …), axis)

其中，(a1, a2, …)为形状相同的多个数组；axis 为指定轴，默认值为 0。

下述程序代码中定义了两个数组，分别存储两个班级的学生在语文、数学和英语科目的成绩，现在需要将两个班级的学生成绩按照一定方式组合起来。

```
>>> import numpy as np
>>> a=np.array([[90,80,78],[46,60,65],[100,98,76]])
>>> print ('第 1 个数组:')
>>> a
array([[90,80,78],
       [46,60,65],
       [100,98,76]])
>>> b=np.array([[80,70,68],[66,69,75],[40,38,86]])
>>> print ('第 2 个数组:')
>>> b
array([[80,70,68],
       [66,69,75],
       [40,38,86]])
>>> print('沿轴 0 连接两个数组:')
沿轴 0 连接两个数组:
>>> c=np.concatenate((a, b))    #将两个班的所有学生的成绩汇总在一起
>>> c
array([[90,80,78],
       [46,60,65],
       [100,98,76],
       [80,70,68],
       [66,69,75],
```

$[40,38,86]])$

>>> print('沿轴1连接两个数组:')

沿轴1连接两个数组:

>>> d=np.concatenate((a,b),axis=1)   #将两个班内对应位置上的学生成绩组合在一起

>>> d

array([[90,80,78,80,70,68],
   [46,60,65,66,69,75],
   [100,98,76,40,38,86]])

2) stack 函数

函数用于沿新轴连接数组序列,语法格式:

stack(arrays,axis)

其中,arrays 表示具有相同形状的数组序列;axis 表示数组中的轴,输入数据沿着它来进行堆叠操作。

>>> import numpy as np

>>> a=np.array([[1,2,3],[4,5,6],[7,8,9]])

>>> print ('第1个数组:')

>>> a

array([[1,2,3],
   [4,5,6],
   [7,8,9]])

>>> b=np.array([[1,1,1],[2,2,2],[3,3,3]])

>>> print ('第2个数组:')

>>> b

array([[1,1,1],
   [2,2,2],
   [3,3,3]])

>>> print('沿轴0堆叠两个数组:')

沿轴0堆叠两个数组:

>>> np.stack((a,b),0)

array([[[1,2,3],
   [4,5,6],
   [7,8,9]],

   [[1,1,1],
   [2,2,2],

```
        [3,3,3]]])
>>> print('沿轴 1 堆叠两个数组:')
沿轴 1 堆叠两个数组:
>>> np. stack((a, b),1)
array([[[1,2,3],
        [1,1,1]],

       [[4,5,6],
        [2,2,2]],
       [[7,8,9],
        [3,3,3]]])
```

3) hstack 函数

该函数通过水平堆叠来生成数组,即按照列方向进行元素堆叠以生成新数组。它是 stack 函数的变体,与 stack(arrays, axis=1)的功能相似。

```
>>> import numpy as np
>>> a=np. array([['a','b','c'],['d','e','f']])
>>> print ('第 1 个数组:')
>>> a
array([['a', 'b', 'c'],
       ['d', 'e', 'f']], dtype='<U1')
>>> b=np. array([['1','2','3'],['4','5','6']])
>>> print ('第 2 个数组:')
>>> b
array([['1', '2', '3'],
       ['4', '5', '6']], dtype='<U1')
>>> print ('水平堆叠:')
水平堆叠:
>>> c = np. hstack((a, b))
>>> c
array([['a', 'b', 'c', '1', '2', '3'],
       ['d', 'e', 'f', '4', '5', '6']], dtype='<U1')
```

4) vstack 函数

该函数通过垂直堆叠来生成数组,即按照行方向进行元素堆叠以生成新数组。它是 stack 函数的变体,与 stack(arrays, axis=0)的功能相似。

```
>>> import numpy as np
```

```
>>> a = np. array([['a','b','c'],['d','e','f']])
>>> print ('第 1 个数组:')
>>> a
array([['a', 'b', 'c'],
        ['d', 'e', 'f']], dtype = '<U1')
>>> b = np. array([['1','2','3'],['4','5','6']])
>>> print ('第 2 个数组:')
>>> b
array([['1', '2', '3'],
        ['4', '5', '6']], dtype = '<U1')
>>> print ('垂直堆叠:')
垂直堆叠:
>>> c = np. vstack((a, b))
>>> c
array([['a', 'b', 'c'],
        ['d', 'e', 'f'],
        ['1', '2', '3'],
        ['4', '5', '6']], dtype = '<U1')
```

9.3.4　分割数组

Numpy 中提供了表 9.8 所列的函数,用于将一个数组按指定方向分割成多个子数组。

表 9.8　用于分割数组的函数

函数名	功能说明
split	将一个数组分割成多个数组
hsplit	将一个数组从水平方向上分割成多个数组(按列)
vsplit	将一个数组从垂直方向上分割成多个数组(按行)

split 函数用于沿特定的轴将数组分割为子数组,语法格式:

split(ary, indices_or_sections, axis)

其中,参数 ary 表示待分割的数组,indices_or_sections 的含义依赖于其取值,若为整数,表示按照该数平均切分成若干个子数组,若为一个数组,则表示为沿轴切分的位置;axis 用于设置切分的方向,默认为 0,表示水平方向切分,此时函数功能与 hsplit 函数相同;1 表示垂直方向切分,此时函数功能与 vsplit 函数相同。

```
>>> import numpy as np
>>> a = np. arange(1,37,3)
>>> a
```

array([1,4,7,10,13,16,19,22,25,28,31,34])

>>> np. split(a,3)　#将原始数组划分为 3 个子数组

[array([1,4,7,10]), array([13,16,19,22]), array([25,28,31,34])]

>>> np. split(a,[3,7,9])　#从原始数组下标为 3,7,9 位置处将整个数组划分为 4 个子数组

[array([1,4,7]), array([10,13,16,19]), array([22,25]), array([28,31,34])]

#沿轴 0 进行数组分割

>>> np. split(a,4)

[array([1,4,7]), array([10,13,16]), array([19,22,25]), array([28,31,34])]

>>> np. hsplit(a,4)　#水平方向切割

[array([1,4,7]), array([10,13,16]), array([19,22,25]), array([28,31,34])]

>>> b=a. reshape(3,4)

>>> b

array([[1,4,7,10],
　　　　[13,16,19,22],
　　　　[25,28,31,34]])

>>> np. split(b,2,1)　#沿轴 1 进行数组分割

[array([[1,4],
　　　　[13,16],
　　　　[25,28]]), array([[7,10],
　　　　[19,22],
　　　　[31,34]])]

>>> np. vsplit(b,2)　#垂直方向切割

[array([[1,4],
　　　　[13,16],
　　　　[25,28]]), array([[7,10],
　　　　[19,22],
　　　　[31,34]])]

9.4　Numpy 函数运算

Numpy 中包含了大量用于数组运算的函数。例如,一元、二元数学函数,排序函数,条件筛选函数,统计函数,以及线性代数函数。

9.4.1 数学函数

依据函数所需参数个数,Numpy 中的数学函数一般包含一元数学函数和二元数学函数。

1)一元数学函数

若只需要传递一个数组对象作为参数的函数,则称这样的函数为一元数学函数。常见的一元数学函数包括三角函数、算术运算函数和复数处理函数等,见表 9.9。

表 9.9　一元数学函数

一元数学函数	功能说明
abs, fabs	用于计算整数,浮点数,复数的绝对值;若是非复数,则使用 fabs,速度更快些
sqrt	用于计算数值的平方根
square	用于计算数值的平方
exp	用于计算数值 e 的指数
log, log10, log2, log1p	分别用于计算底为 e,10,2,(1+x) 自然对数
sign	用于计算值的正负号,返回值 1(整数),0(零),−1(负数)
ceil	用于计算值的 ceil 值,即获取大于等于该值的最小整数
floor	用于计算值的 floor 值,即获取小于等于该值的最大整数
rint	用于将数值四舍五入最接近的整数
modf	用于获取数组的小数,整数部分,分别形成独立的数组并返回
isnan	用于获取一个表示哪些值是 NaN 值的布尔型数组
isfinite, isinf	用于获取 1 个表示哪些值是有穷(非 inf 非 NaN),哪些值是无穷的布尔型数组
cos, sin, tan	普通型三角函数,用于计算某个角度的余弦值,正弦值和正切值
cosh, sinh, tanh	双曲型三角函数
arccos, arcsin, arctan	普通型反三角函数
arccosh, arcsinh, arctanh	双曲型反三角函数

上述函数的主要代码使用方法如下:

```
>>> import numpy as np
>>> a=2+4j
>>> b=−10
>>> c=12.45
>>> np.abs(a)    #求复数的绝对值(模)
4.47213595499958
>>> np.abs(b)    #求负数的绝对值
10
```

```
>>> d = 144
>>> np.sqrt(d)    #求整数的平方根
12.0
>>> np.square(b)    #求整数的平方
100
>>> np.exp(3)    #求自然数 e 的 3 次幂
20.085536923187668
>>> np.log(33)    #求以自然数 e 为底，33 的对数
3.4965075614664802
```

2）二元数学函数

若只需要传递两个数组对象作为参数的函数，则称这样的函数为二元数学函数。常见的二元数学函数包括加法运算函数、减法运算函数、乘法运算函数及下圆整除运算函数等，见表 9.10。

表 9.10　二元数学函数

二元数学函数	功能说明
add	用于实现两个数组的加法运算，即数组对应位置上的元素相加
substract	用于实现两个数组的减法运算，即数组对应位置上的元素相加
multiply	用于实现两个数组的乘法运算
divide，floor_divide	用于对两个整数做除法运算或向下圆整除法
power	对第一个数组的元素 A，依据第二个数组对应元素 B，求 A^B
maximum，fmax	获取数组中最大元素值，而 fmax 会忽略 NaN
minimum，fmin	获取数组中最小元素值，而 fmin 会忽略 NaN
mod	用于实现两个数组的除法运算，执行元素级的除法运算，即取余
greater，greater_equal，less，less_equal，equal，not_equal	用于执行元素级的比较运算，以产生布尔数组。相当于运算符 >, >=, <, <=, ==, !=
logical_and，logical_or，logical_xor	用于执行元素级的真值逻辑运算，相当于运算符 &, |, ^

上述函数的代码使用方法如下：

```
>>> import numpy as np
>>> a = np.arange(15).reshape(3,5)
>>> print ('第一个数组：')
>>> 第一个数组：
>>> a
```

```
array([[0,1,2,3,4],
       [5,6,7,8,9],
       [10,11,12,13,14]])
>>> print('第二个数组:')
>>> 第二个数组:
>>> b = np.array([[2,2,2,2,2],[3,3,3,3,3],[4,4,4,4,4]])
>>> b
array([[2,2,2,2,2],
       [3,3,3,3,3],
       [4,4,4,4,4]])
>>> print('两个数组相加:')
>>> 两个数组相加:
>>> print(np.add(a, b))
array([[2,3,4,5,6],
       [8,9,10,11,12],
       [14,15,16,17,18]])
>>> print('两个数组相减:')
>>> 两个数组相减:
>>> print(np.subtract(a, b))
array([[-2, -1,0,1,2],
       [2,3,4,5,6],
       [6,7,8,9,10]])
>>> print('两个数组相乘:')
>>> 两个数组相乘:
>>> print(np.multiply(a, b))
array([[0,2,4,6,8],
       [15,18,21,24,27],
       [40,44,48,52,56]])
>>> print('两个数组相除:')
>>> 两个数组相除:
>>> print(np.divide(a, b))
array([[0. ,0.5,1. ,1.5,2. ],
       [1.66666667,2. ,2.33333333,2.66666667,3. ],
       [2.5,2.75,3. ,3.25,3.5]])
>>> print('两个数组对应位置上元素求幂运算:')
>>> 两个数组对应位置上元素求幂运算:
```

```
>>> print(np.power(a, b))
array([[0,1,4,9,16],
       [125,216,343,512,729],
       [10000,14641,20736,28561,38416]], dtype=int32)
>>> print('两个数组对应位置上元素相除取余运算:')
>>> 两个数组对应位置上元素相除取余运算:
>>> print(np.mod(a, b))
array([[0,1,0,1,0],
       [2,0,1,2,0],
       [2,3,0,1,2]], dtype=int32)
```

9.4.2　排序与条件筛选函数

1)排序函数

Numpy 提供了多种用于对数组中的数据进行排序的函数,见表 9.11。这些函数与 Python 中的 sort() 与 sorted() 排序方法相比,其效率更高些。

表 9.11　常见排序函数

函数名	功能说明
sort()	在不改变输入数组的基础上,返回一个排好序的数组
argsort()	获取数组值从小到大的索引信息
lexsort()	用于对多个数组进行排序
msort()	用于将数组按照第一个轴排序,并获取排序后的数组副本
sort_complex()	对复数按照先实部,后虚部的顺序进行排序
partition()	指定一个数,然后按照该数对数组进行分区
argpartition()	通过关键字 kind 指定算法沿着指定轴对数组分区

下面展示了以上各种不同排序方法的使用。

```
>>> import numpy as np
#对一维数组进行升序排列
>>> a1 = np.random.randint(2,12,11)
>>> a1
array([6,6,3,11,10,8,3,11,5,11,3])
>>> np.sort(a1)
array([3,3,3,5,6,6,8,10,11,11,11])
#按照第一个轴对数组进行排序,返回排序后的数组副本
```

```
>>> np. msort(a1)
array([3,3,3,5,6,6,8,10,11,11,11])
#返回原始数组排序好的索引值
>>> np. argsort(a1)
array([2,6,10,8,0,1,5,4,3,7,9], dtype=int64)
#对二维数组进行升序排列,默认按行进行排序
>>> b1=np. random. randint(1,12,(3,4))
>>> b1
array([[3,2,7,11],
       [8,9,2,10],
       [2,2,1,6]])
>>> np. sort(b1)
array([[2,3,7,11],
       [2,8,9,10],
       [1,2,2,6]])
#按照第一个轴对数组进行排序,返回排序后的数组副本
>>> np. msort(b1)
array([[2,2,1,6],
       [3,2,2,10],
       [8,9,7,11]])
#返回原始数组排序好的索引值,默认按行排列
>>> np. argsort(b1)
array([[1,0,2,3],
       [2,0,1,3],
       [2,0,1,3]], dtype=int64)
>>> np. sort(b1, axis=1)
array([[2,3,7,11],
       [2,8,9,10],
       [1,2,2,6]])
#对二维数组进行升序排列,按列进行排序
>>> np. sort(b1, axis=0)
array([[2,2,1,6],
       [3,2,2,10],
       [8,9,7,11]])
```

成绩排序示例

2）条件筛选函数

若要从数组中筛选出符合所需条件的数据元素，还需要借助于 Numpy 提供的各类条件筛选函数，见表9.12。

表9.12 常见条件筛选函数

函数名	功能说明
argmax( )	沿着给定轴获取最大元素的索引信息
argmin( )	沿着给定轴获取最小元素的索引信息
nonzero( )	获取数组中非零元素的索引信息
where( )	获取数组中满足给定条件的元素的索引信息
extract( )	根据给定条件从数组中抽取相关元素，并返回满足条件的元素

上述函数的代码使用方法如下：

```
>>> import numpy as np
>>> a=np. array([[10,20,30,40],[50,60,70,80],[90,100,110,20],[130,140,25,40]])
>>> print('原始数组是:')
>>> 原始数组是:
>>> a
array([[10,20,30,40],
       [50,60,70,80],
       [90,100,110,20],
       [130,140,25,40]])
>>> print('调用 argmax() 函数:')
>>> 调用 argmax()函数:
>>> np. argmax(a)
13
>>> print('调用 argmin() 函数:')
>>> 调用 argmin()函数:
>>> np. argmin(a)
0
>>> print('沿轴0 的最大值索引:')
>>> 沿轴0 的最大值索引:
>>> np. argmax(a, axis=0)
array([3,3,2,1], dtype=int64)
>>> print ('沿轴1 的最大值索引:')
```

```
>>> 沿轴1的最大值索引:
>>> np. argmax(a, axis=1)
array([3,3,2,1], dtype=int64)
>>> b=np. arange(12). reshape(3,4)
>>> b
array([[0,1,2,3],
       [4,5,6,7],
       [8,9,10,11]])
>>> print('筛选数组中非零值的索引:')
>>> 筛选数组中非零值的索引:
>>> np. nonzero(b)
(array([0,0,0,1,1,1,1,2,2,2,2], dtype=int64), array([1,2,3,0,1,2,3,0,1,2,3],
dtype=int64))
>>> print('是3的倍数的元素的索引:')
>>> c = np. where(b %3 = =0)
>>> print (c)
(array([0,0,1,2], dtype=int64), array([0,3,2,1], dtype=int64))
>>> print ('使用这些索引来获取满足条件的元素:')
>>> print (b[c])
array([0,3,6,9])
#定义条件,选择奇数元素
>>> condition = np. mod(x,2)! =0
>>> print('按元素的条件值:')
>>> 按元素的条件值:
>>> print(condition)
[[False   True False   True]
[False   True False   True]
[False   True False   True]]
>>> print('使用条件提取元素:')
>>> 使用条件提取元素:
>>> print(np. extract(condition, b))
array([1,3,5,7,9,11])
```

9.4.3　统计函数

Numpy 提供了大量的统计函数,用于帮助用户实现从数组中查找最大元素值、最小元素值、标准差及方差等信息。常见的统计函数见表9.13。

表 9.13 常见统计函数

函数名	功能说明
sum	对数组中全部元素或者某个轴向的数据元素进行求总和
mean	求算术平均数
ptp	计算数组中最大元素值和最小元素值的差值
percentile	百分位数是统计中使用的度量,表示小于这个值的观察值的百分比
median	计算数组中元素的中位数
average	根据在另一个数组中给出的各自的权重计算数组中元素的加权平均值
std, var	计算标准差与方差
amin, amax	计算最小值和最大值
cumsum	求数组中所有元素的累计和
cumprod	求数组中所有元素的累计乘积

下述代码展示了上述各类统计函数的使用方法。

```
>>> import numpy as np
>>> a = np.arange(15).reshape(3,5)
>>> print('原始数组是:')
>>> 原始数组是:
>>> a
array([[0,1,2,3,4],
       [5,6,7,8,9],
       [10,11,12,13,14]])
>>> print('对原始数组数据元素进行求和:')
>>> 对原始数组数据元素进行求和:
>>> np.sum(a)
105
>>> print('对原始数组数据元素沿轴0进行求和:')
>>> 对原始数组数据元素沿轴0进行求和:
>>> np.sum(a, axis=0)
array([15,18,21,24,27])
>>> print('对原始数组数据元素沿轴1进行求和:')
>>> 对原始数组数据元素沿轴1进行求和:
>>> np.sum(a, axis=1)
array([10,35,60])
>>> print('求原始数组中最大的数据元素:')
>>> 求原始数组中最大的数据元素:
```

```
>>> np. amax(a)
14
>>> print ('对原始数组沿着轴 0 求最大的数据元素:')
>>> 对原始数组沿着轴 0 求最大的数据元素:
>>> np. amax(a, axis=0)
array([10,11,12,13,14])
>>> print ('对原始数组沿着轴 1 求最大的数据元素:')
>>> 对原始数组沿着轴 1 求最大的数据元素:
>>> np. amax(a, axis=1)
array([4,9,14])
>>> print ('求原始数组中最小的数据元素:')
>>> 求原始数组中最小的数据元素:
>>> np. amin(a)
0
>>> print ('对原始数组沿着轴 0 求最小的数据元素:')
>>> 对原始数组沿着轴 0 求最小的数据元素:
>>> np. amin(a, axis=0)
array([0,1,2,3,4])
>>> print ('对原始数组沿着轴 1 求最小的数据元素:')
>>> 对原始数组沿着轴 1 求最小的数据元素:
>>> np. amin(a, axis=1)
array([0,5,10])
>>> print ('计算数组中元素最大值与最小值的差:')
>>> 计算数组中元素最大值与最小值的差:
>>> np. ptp(a)
14
>>> print ('沿着 0 轴计算数组中元素最大值与最小值的差:')
>>> 沿着 0 轴计算数组中元素最大值与最小值的差:
>>> np. ptp(a, axis=0)
array([10,10,10,10,10])
>>> print ('沿着 1 轴计算数组中元素最大值与最小值的差:')
>>> 沿着 1 轴计算数组中元素最大值与最小值的差:
>>> np. ptp(a, axis=1)
array([4,4,4])
>>> print ('计算数组中元素的中位数(中值):')
>>> 计算数组中元素的中位数(中值):
>>> np. median(a)
```

7.0

>>> print（'沿轴 0 计算数组中元素的中位数（中值）:'）

>>> 沿轴 0 计算数组中元素的中位数（中值）：

>>> np. median（a, axis ＝0）

array（[5. ,6. ,7. ,8. ,9.]）

>>> print（'沿轴 1 计算数组中元素的中位数（中值）:'）

>>> 沿轴 1 计算数组中元素的中位数（中值）：

>>> np. median（a, axis ＝1）

array（[2. ,7. ,12.]）

>>> print（'计算数组中元素的算术平均值:'）

>>> 计算数组中元素的算术平均值：

>>> np. mean（a）

7.0

>>> print（'沿轴 0 计算数组中元素的算术平均值:'）

>>> 沿轴 0 计算数组中元素的算术平均值：

>>> np. mean（a, axis＝0）

array（[5. ,6. ,7. ,8. ,9.]）

>>> print（'沿轴 1 计算数组中元素的算术平均值:'）

>>> 沿轴 1 计算数组中元素的算术平均值：

>>> np. mean（a, axis＝1）

array（[2. ,7. ,12.]）

>>> print（'计算数组中元素的加权平均值:'）

>>> 计算数组中元素的加权平均值：

>>> np. average（a）　#当无 weights 参数时,等效于算术平均值

7.0

>>> np. average（a, weights＝[[1,2,3,4,5],[2,1,2,2,1],[1,3,2,2,1]]）　#按照 weights 参数对数组中元素求加权平均值

6.3125

>>> b＝np. arange（12）

>>> b

array（[0,1,2,3,4,5,6,7,8,9,10,11]）

#标准差是一组数据平均值分散程度的一种度量,本质是方差的算术平方根。计算公式为:#std ＝ sqrt（mean（（x － x. mean（）） ＊ ＊2））

>>> print（'计算数组中元素的标准差:'）

>>> 计算数组中元素的标准差：

>>> np. std（b）

3.452052529534663

#方差(样本方差)是每个样本值与全体样本值的平均数之差的平方值的平均数

#即 mean((x - x.mean()) ** 2)

```
>>> print ('计算数组中元素的方差:')
>>> 计算数组中元素的方差:
>>> np.var(b)
11.916666666666666
```

#对一维数组求累计和与累计积

```
>>> print ('计算一维数组中累计和:')
>>> 计算一维数组中累计和:
>>> np.cumsum(b)
array([0,1,3,6,10,15,21,28,36,45,55,66], dtype=int32)
>>> print ('计算一维数组中累计积:')
>>> 计算一维数组中累计积:
>>> np.cumprod(b)
array([0,0,0,0,0,0,0,0,0,0,0,0], dtype=int32)
```

#对二维数组求累计和与累计积

```
>>> print ('计算二维数组中累计和:')
>>> 计算二维数组中累计和:
>>> np.cumsum(a)
array([0,1,3,6,10,15,21,28,36,45,55,66,78,
       91,105], dtype=int32)
>>> print ('计算二维数组中累计积:')
>>> 计算二维数组中累计积:
>>> np.cumprod(a)
array([0,0,0,0,0,0,0,0,0,0,0,0,0,0,0], dtype=int32)
>>> print ('沿轴0计算二维数组中累计和:')
>>> 沿轴0计算二维数组中累计和:
>>> np.cumsum(a, axis=0)
array([[0,1,2,3,4],
       [5,7,9,11,13],
       [15,18,21,24,27]], dtype=int32)
>>> print ('沿轴1计算二维数组中累计和:')
>>> 沿轴1计算二维数组中累计和:
>>> np.cumsum(a, axis=1)
array([[0,1,3,6,10],
       [5,11,18,26,35],
       [10,21,33,46,60]], dtype=int32)
```

· 230 ·

```
>>> print ('沿轴 0 计算二维数组中累计积:')
>>> 沿轴 0 计算二维数组中累计积:
>>> np. cumprod(a, axis=0)
array([[0,1,2,3,4],
       [0,6,14,24,36],
       [0,66,168,312,504]], dtype=int32)
>>> print ('沿轴 1 计算二维数组中累计积:')
>>> 沿轴 1 计算二维数组中累计积:
>>> np. cumprod(a, axis=1)
array([[0,0,0,0,0],
       [5,30,210,1680,15120],
       [10,110,1320,17160,240240]], dtype=int32)
```

9.4.4　线性代数函数

Numpy 提供了线性代数函数库 linalg,该库包含了线性代数所需的
所有功能。常见的线性代数函数见表 9.14。

线性代数函数的基本
使用方法代码示例

表 9.14　常见线性代数函数

函数名	功能说明
diag	以一维数组形式返回方阵的对角线或非对角线元素;或将一维数组转换为方阵(非对角线元素为 0)
dot	用于实现矩阵乘法运算
trace	用于获取矩阵中对角线元素之和
det	用于计算方阵行列式
eig	用于计算方阵的特征值和特征向量
inv	用于计算方阵的逆
pinv	用于计算方阵的 Moore-Penrose 伪逆
qr	用于计算 QR 分解
svd	用于计算奇异值分解(SVD)
solve	用于解线性方程组 Ax=b,其中 A 为方阵
lstsq	用于计算 Ax=b 的最小二乘解

下述代码展示了上述函数的基本使用方法。

本章小结

通过本章的学习,可了解 Numpy 第三方扩展库的主要用处,并能熟练掌握 Numpy 数组的属性信息、创建、切片、索引、高级索引及广播机制;修改数组形状,对数组进行翻转、组合与分割;同时,还能对数组中的元素作数学运算、排序、条件筛选、统计以及线性代数等相关运算;结合实际案例讲述如何使用 Numpy 进行高性能科学计算,为后续更好地进行数据分析打下坚实基础。

练习题 9

练习题 9

第 10 章　Matplotlib 可视化应用

在做数据分析与处理中,为了更好地展示数据分析处理的结果,通常会绘制图形来直观化展示,利于用户观看分析结果,简单直观,清晰明了。Python 主要基于 Matplotlib 第三方扩展库来完成图形绘制,进行数据分析结果的直观展示。

本章主要讲述以下知识点:

①简介 Matplotlib 第三方扩展库及安装方法。

②使用 Matplotlib 绘图的基本流程,绘制单图、多例图和多子图的方法。

③结合实际案例绘制介绍折线图、直方图、条形图、饼图及散点图的绘制方法。

10.1　Matplotlib 简介与安装

Matplotlib 是 Python 语言中的一个基于 numpy 的 2D 绘图库,类似于 Matlab,能为用户提供丰富的绘图工具。只需要简短的几行代码,就可绘制出版质量的图形,如折线图、直方图、条形图、饼图及散点图等。该库通常与 numpy, pandas 等第三方扩展库一起配合使用,为用户对数据进行分析处理、直观化展示提供较好的帮助。

一般情况下,Matplotlib API 函数都位于其下的一个子库 pyplot 中。因此,在使用 Matplotlib 进行各类图形绘制时,应先安装 Matplotlib 库,再导入子库 pyplot,进而调用其内部方法完成图形绘制。

1)安装 Matplotlib 库

在 DOS 命令行中输入下述命令实现安装操作:

pip install matplotlib

当然,用户也可通过集成开发环境 pycharm 来进行 matplotlib 库的安装。

2)导入子库 pyplot

在绘制各类图形时,需要导入 Matplotlib 库中的子库 pyplot。

import matplotlib. pyplot as plt

10.2 Matplotlib 绘图基础知识

在使用 matplotlib 绘制图形前,还需要了解一些关于绘图的基础知识,如绘图的基本流程、设置图表对象的各个属性等。

10.2.1 绘图的基本流程

使用 matplotlib 绘制图形时,需要遵循一定的流程,如图 10.1 所示。

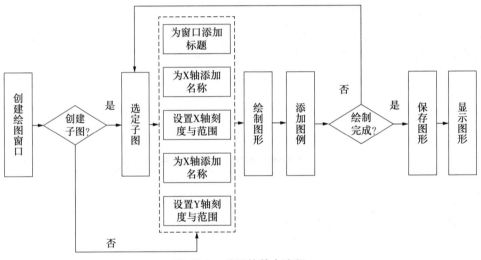

图 10.1 绘图的基本流程

图 10.1 展示了以下两种绘图方式:

第一种绘图方式较简单,主要有以下 5 个步骤:

①创建一个窗口,相当于建立了一个用于绘图所使用的画布或画板。

②设置所绘制图表的各个属性信息,如为图表添加 x 轴和 y 轴标签,x 轴和 y 轴取值范围,刻度数目与刻度标签,以及标题信息等。

③绘制所需的图形类型,如折线图、直方图、条形图及饼图或散点图等。

④添加图例说明图表中各个图形表示含义。

⑤绘图结束,可将其保存为文件或直接显示。

注意:这里的步骤③和步骤④可并列进行,两者之间的顺序可互换,无任何影响。

第二种绘图方式稍微复杂些,但效率高,可在一个窗口中同时绘制多个图表。具体步骤如下:

①创建一个窗口,相当于建立了一个用于绘图所使用的画布或画板。

②对整个窗口进行划分,形成若干个子窗口,每个子窗口可看成一个绘图区域,常称子图。

③选定某一个子图作为当前绘图区域,然后设置所绘制图表的各个属性信息,如为图表添加 x 轴和 y 轴标签,x 轴和 y 轴取值范围,刻度数目与刻度标签,以及标题信息等。

④绘制所需的图形类型,如折线图、直方图、条形图及饼图或散点图等。

⑤添加图例说明图表中各个图形表示含义。

⑥判断绘图是否结束,若结束,则可将其保存为文件或直接显示;否则,继续重复步骤③直至绘图结束。

10.2.2　单图绘制

1)创建绘图窗口

在绘图中,常使用子库 pyplot 下的 figure 方法创建窗口来充当绘图使用的画布或画板。该方法的语法格式如下:

pyplot. figure(num = None, figsize = None, dpi = None, facecolor = None, edgecolor = None, frameon = True, FigureClass = <class′matplotlib. figure. Figure′>, clear = False, * * kwargs)

这里对几个常见的参数作解释说明:

①num:该参数表示所创建窗口对象的 id,为可选参数,可指定也可不指定。若指定,则以整数或字符串形式给定,并将其作为新建窗口的 id 值,若是字符串,那么新建窗口的标题还会设置为 num 值;若不指定,则新建窗口的 id 值会根据窗口的创建顺序依次递增,一般可通过 Figure 对象的 number 变量来获取。

②figsize:可选参数,默认值为 None;通常以元组形式给定,用来描述所建窗口的宽和高。例如,(4,8)表示创建一个宽为 4in(1 in = 25. 4 mm)、高为 8in 的窗口。

③dpi:可选参数,以整数形式给定,表示新建窗口对象的分辨率。

④facecolor:可选参数,表示新建窗口的背景颜色,其中颜色的设置是通过 RGB,范围是′#000000′~′#FFFFFF′,其中每两个字节 16 位表示 RGB 的 0~255。例如,′#FF0000′表示 R:255 G:0 B:0 即红色;当然也可写成英文形式,如 red 表示红色。

⑤edgecolor:可选参数,表示新建窗口的边框颜色,取值与上述 facecolor 参数取值类似。

Figure 代码使用如下:

```
>>> import matplotlib. pyplot as plt
>>> fg1 = plt. figure( figsize = (2,2), dpi = 200, facecolor = ′pink′, edgecolor = ′black′)
>>> type( fg1)
<class ′matplotlib. figure. Figure′>
>>> fg1. number
1
>>> fg2 = plt. figure( figsize = (2,3), dpi = 200, facecolor = ′yellow′, edgecolor = ′black′)
>>> fg2. number
```

2

```
>>> fg3 = plt. figure ( num = ′ window′, figsize = ( 3,3), dpi = 200, facecolor = ′ green′,
edgecolor = ′ black′)
>>> fg3. number
>>> plt. show( )
```

2)设置所绘制图表属性信息

当窗口创建好后,接下来就可进行简单图形绘制,但还需要事先设置绘图对象的属性,见表10.1。

表10.1　绘图对象属性

函数名称	功能说明
plt. title	为当前图形添加标题,并可设置标题的名称、位置、颜色、字体大小等参数
plt. xlabel	为当前图形添加 x 轴名称,并可设置标题的位置、颜色、字体大小等参数
plt. ylabel	为当前图形中添加 y 轴名称,并可设置标题的位置、颜色、字体大小等参数
plt. xlim	为前图形设置 x 轴的范围,通常以一个数值区间形式给定
plt. ylim	为前图形设置 y 轴的范围,通常以一个数值区间形式给定
plt. xticks	为当前图形 x 轴设置刻度的数目和标签
plt. yticks	为当前图形 y 轴设置刻度的数目和标签
plt. legend	为当前图形设置图例,并可指明图例的大小,位置和标签

具体代码使用如下:

```
import matplotlib. pyplot as plt    #导入库
plt. figure(figsize = ( 3,3), dpi = 200, facecolor = ′ white′, edgecolor = ′ black ′)
plt. xlabel(″x-axis″)    #给 x 轴添加标签
plt. ylabel(″y-axis″)    #给 y 轴添加标签
plt. xlim(1,6)    #设置 x 轴的取值范围
plt. ylim(1,12)    #设置 y 轴的取值范围
plt. xticks( range(1,7,1))    #为 x 轴设置刻度的数目和标签
plt. yticks( range(1,13,1))    #为 y 轴设置刻度的数目和标签
plt. title(″The first line″, fontsize = 15)    #给图添加标题
```

3)绘制所需要的图形

这里仅绘制一个简单的折线图($y = 2 * x$),具体绘制方法详见10.3.1 小节。

```
plt. plot([1,2,3,4,5,6],[2,4,6,8,10,12], ′rD--′, label = ′Line1′)
```

4)添加图例

有时,图表中可能会绘制多条图形,为了能让用户了解所绘制图形所代表含义,通常会

通过添加图例形式给予说明,解释图中每一个图形表述内涵。添加图例方法为 legend( ),其语法参数如下:

matplotlib. pyplot. legend(∗ args, ∗ ∗ kwargs)

该方法内包含的各个参数及含义见表 10. 2。

表 10.2　legend( )中常用参数及含义

参　数	含　义
loc	设置图例的放置位置,取值有′best′, ′upper right′, ′upper left′, ′lower left′, ′lower right′, ′right′, ′center left′, ′center, right′, ′lower center′, ′upper center′与′center′等
fontsize	设置图例中字体大小
frameon	设置是否显示图例边框,默认为 True
title	为图例添加标题
shadow	设置是否为图例边框添加阴影
fancybox	设置是否将图例框的边角设为圆形
framealpha	设置图例框的透明度
edgecolor	设置图例边框颜色
facecolor	设置图例背景颜色,若无边框,则参数无效

```
#设置图例
plt. legend( loc = ′upper left′, fontsize = 10, frameon = True, title = ′Line′, shadow = True,
fancybox = True, framealpha = 0. 1, edgecolor = ′blue′, facecolor = ′yellow′)
```

5)保存图表

pyplot 库中提供 plt. savefig( )方法将当前图表保存到文件中。该方法具体的参数及含义见表 10.3。

表 10.3　savefig( )中常用参数及含义

参　数	含　义
fname	设置图表存放的位置,可取含有文件路径的字符串或 Python 文件对象
dpi	设置图像的分辨率
facecolor	设置图像背景色
edgecolor	设置图像边缘色
format	设置图标保存为文件的格式,如 pdf, jpg,png 等
bbox_inches	设置图表需要保存的部分,若为 tight,将会剪除图表周围空白的部分

```
#保存图形放置在 D 盘下方,并命名为 one. jpg,分辨率为 300
plt. savefig( fname = r″D: // one. jpg″, dpi = 300)
```

6)显示图表

pyplot 库中提供 show( )方法用于显示所绘制图表,如图 10.2 所示。

plt. show( )　#显示图表

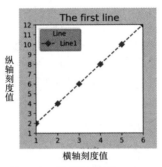

图 10.2　绘制折线图 y = 2 * x

7)设置绘图动态 rc 参数

在上述步骤 3)中绘制折线图时,线条样式、线条上点的形状和颜色等属性信息均在 plot 函数内部设置了。其实,还可通过 rc 配置文件来定义所绘图形的各个默认属性信息,如线条宽度、样式、颜色以及点的样式和大小等。它常被称为 rc 参数或 rc 配置,并可进行动态修改。因此,在修改后,绘图时所使用的默认参数都会发生变化。常见的 rc 参数及含义见表 10.4。

表 10.4　常见的 rc 参数及含义

参数名称	含　义
lines. linewidth	线条的宽度。0 ~ 10,默认 1. 5
lines. linestyle	线条的形状。可取 '-','--','-. ',' : ',默认取 '-'
lines. color	线条的颜色,可取 g,r,c,k 等颜色,也可采用 RGB 来表示
lines. marker	线条上点的形状,可取 'o','D','h'等 20 种,默认取 one 值
lines. markersize	线条上点的大小,0 ~ 10,默认为 1
lines. markeredgewidth	线条上点的边缘宽度
lines. markeredgecolor	线条上点的边缘颜色
lines. markerfacecolor	线条上点的内部颜色

通过 rc 参数设置线条各个属性的代码如下:

```
#设置线条 rc 参数
#线条形状,linestyle 可简写为 ls
plt. rcParams['lines. linestyle'] = '-. '
#线条宽度,linewidth 可简写为 lw
plt. rcParams['lines. linewidth'] = 4
```

#线条颜色, color 可简写为 c

plt. rcParams['lines. color'] = 'y'

#点形状

plt. rcParams['lines. marker'] = 'D'

#点大小

plt. rcParams['lines. markersize'] = '10'

#点边缘宽度

plt. rcParams['lines. markeredgewidth'] = '3'

#点边缘颜色

plt. rcParams['lines. markeredgecolor'] = 'g'

#点内部颜色

plt. rcParams['lines. markerfacecolor'] = 'r'

程序运行效果如图 10.3 所示。

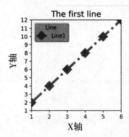

图 10.3　使用 rc 参数设置拆线属性

8) 解决中文乱码问题

上述案例中,图表内的文字均是英文字符。若要改成中文文字,则会出现乱码现象,以致不能正常显示。这主要是因 pyplot 子库并不默认支持中文显示,因此需要通过设置 font. sans-serif 参数改变绘图时的字体,从而使图形可正常显示中文;当更改字体后,坐标轴中的部分字符也会无法显示,因此还需要同时更改 axes. unicode_minus 参数。

plt. rcParams['font. sans-serif'] =['simhei'] 　#用黑体显示中文

plt. rcParams['axes. unicode_minus'] = False　#正常显示负号

以下是将图表中的英文字符更改为中文字符,并可正常显示的代码:

import matplotlib. pyplot as plt 　#导入库

plt. rcParams['font. sans-serif'] =['simhei'] 　#用黑体显示中文

plt. rcParams['axes. unicode_minus'] = False　#正常显示负号

plt. figure(figsize =(3 ,3), dpi = 200 , facecolor = 'white', edgecolor = 'black')

plt. xlabel("X 轴")　#给 x 轴添加标签

plt. ylabel("Y 轴")　#给 y 轴添加标签

plt. xlim(1 ,6)　#设置 x 轴的取值范围

plt. ylim(1 ,12)　#设置 y 轴的取值范围

plt. xticks(range(1 ,7 ,1))　#为 x 轴设置刻度的数目和标签

plt. yticks(range(1,13,1))　#为 y 轴设置刻度的数目和标签

plt. title(″第一条线″,fontsize = 15)　#给图添加标题

plt. plot([1,2,3,4,5,6],[2,4,6,8,10,12], ′rD--′, label = ′折线 1′)

#设置图例

plt. legend(loc = ′upper left′, fontsize = 10, frameon = True, title = ′折线′,

shadow = True, fancybox = True, framealpha = 0. 1, edgecolor = ′blue′, facecolor = ′yellow′)

#保存图形放置在 D 盘下方,并命名为 one. jpg,分辨率为 300

plt. savefig(fname = r″D:∥one. jpg″, dpi = 300)

plt. show( )　#显示图表

程序运行结果为下面的一张图表,如图 10.4 所示。

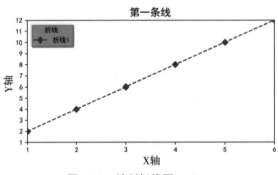

图 10.4　绘制折线图 $y = 2 * x$

10.2.3　多例图绘制

在一个图表中也可同时绘制多个图形,这就是多例图。例如,在上述图中再绘制一条不同的折线,具体添加代码如下:

plt. plot([0,1,2,3,4,5],[2,3,4,5,6,7], ′yh--′, label = ′折线 2′)

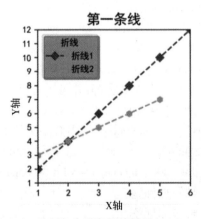

图 10.5　绘制包含两条折线的图($y = 2x, y = x+2$)

当每在图表中绘制一条折线时,就只需要调用 1 次 plot( )方法进行绘制即可。

10.2.4　多子图绘制

按照如图 10.1 所示的绘图流程,还可遵循第二种绘图方式。通过该种方式,可实现在同一个窗口中绘制显示多个子图,以更好地进行数据可视化。相比于第一种绘图方式,该方式仅多了两个步骤:将整个窗口划分为多个子图;选中某一个子图作为当前绘图区域。这主要通过 pyplot 子库中的 subplot( )方法来实现。

subplot 的语法格式如下:

pyplot. subplot(Rows, Cols, Num)

参数说明:

①Rows, Cols 分别表示划分整个窗口后形成的行数和列数。如果 Rows = 2, Cols = 2,则表示整个窗口被划分为 2 行 2 列,并形成了 4 个区域;若按照行号和列号来标识每一个区域,可得到如图 10.6 所示的 4 个子图。

(1,1)	(1,2)
(2,1)	(2,2)

图 10.6　窗口划分

若遵循从上往下、从左往右的顺序原则进行编号,则编号为 1,2,3,4。其中,编号为 1 的区域就是第一行第一列的区域,编号为 2 的区域就是第一行第二列的区域,编号为 3 的区域就是第二行第一列的区域,以此类推。

② Num 指明当前绘图的区域,取值为各个子图的编号。若取值为 2,则表示选定第一行第二列的区域为子图,作为当前绘图区域,随后就可进行图形绘制了。

【例 10.1】　下面展示了绘制多子图的案例代码。

```
#导入库
import numpy as np
import matplotlib. pyplot as plt
#正常显示中文,不出现乱码现象
plt. rcParams['font. sans-serif'] = ['simhei']    #用黑体显示中文
plt. rcParams['axes. unicode_minus'] = False    #正常显示负号
#创建窗口
plt. figure(figsize = (5,6), dpi = 200)
#创建多个图,并选定某个子图作为当前绘图区域,绘制图形
x = np. arange(-6,6,0.1)
#选定子图 1 作为绘图区域,绘制 y = x * *2
plt. subplot(221)
y1 = x * *2
#设置绘图属性信息
plt. title("子图 1", fontsize = 15)    #给图添加标题
#绘制图形 1
plt. plot(x, y1, label = 'x * *2')    #在 2×2 画布中第一块区域绘制线形图
```

plt. legend(loc = 'upper left') #添加图例 1
#选定子图 2 作为绘图区域,绘制 y = 2 ∗ x −1
plt. subplot(222)
y2 = 2 ∗ x −1
#设置绘图属性信息
plt. title("子图 2", fontsize = 10) #给图添加标题
#绘制图形 2
plt. plot(x, y2, label = 'y = 2 ∗ x −1', color = "g", linestyle = "−.") #在 2×2 画布中第二块区域绘制线形图
plt. legend(loc = 'upper left') #添加图例 2
#选定子图 3 作为绘图区域,绘制 y = x+2
plt. subplot(223) #在 2×2 画布中第三块区域绘制线形图
y3 = x +2
#设置绘图属性信息
plt. title("子图 3", fontsize = 0) #给图添加标题
#绘制图形 3
plt. plot(x, y3, label = 'y = x+2')
plt. legend(loc = 'upper left') #添加图例 3
#选定子图 4 作为绘图区域,绘制 y = −x
plt. subplot(224) #在 2×2 画布中第四块区域绘制线形图
y4 = −x
#设置绘图属性信息
plt. title("子图 4", fontsize = 10) #给图添加标题
#绘制图形 4
plt. plot(x, y4, label = 'y = −x', color = "r", linestyle = "−")
plt. legend(loc = 'upper left') #添加图例 4
plt. show() #显示图形
程序运行结果如图 10.7 所示。

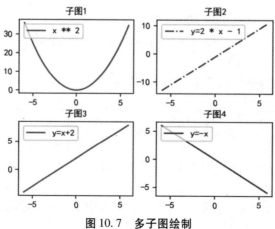

图 10.7　多子图绘制

10.3　绘制折线图、直方图、条形图、散点图、饼图

上面介绍了绘图的基础知识,现详细介绍各类不同图形的绘制方法,如折线图、直方图、条形图、散点图及饼图。

10.3.1　绘制折线图

折线图常用于显示数据的变化趋势。它是日常生活中常见的一类图形,可看成对一系列离散或连续点的拟合而形成的曲线。通常使用 pyplot 子库中的 plot() 方法来进行绘制。该方法的语法格式如下:

plt. plot(x, y, format_string, ∗∗kwargs)

参数说明:

x:表示 x 轴数据,即曲线上一系列点的横坐标值组合而成的列表或数组等。

y:表示 y 轴数据,即曲线上一系列点的纵坐标值组合而成的列表或数组等。

format_string:为控制曲线的格式字符串。它由颜色字符、标记字符和风格字符组成。

这里的颜色字符、风格字符和标记字符取值范围见表 10.5—表 10.7。

表 10.5　颜色字符取值范围

颜色字符	取值说明	颜色字符	取值说明
'b'	蓝色	'm'	洋红色
'g'	绿色	'y'	黄色
'r'	红色	'k'	黑色
'c'	青绿色	'w'	白色
'#008000'	RGB 中的某一个颜色	'0.8'	灰度值字符串

表 10.6　标记字符取值范围

风格字符	取值说明
'-'	表示为实线
'--'	表示为破折线
'-.'	表示为点画线
':'	表示为虚线
','	表示为无线条

表 10.7　风格字符取值范围

标记字符	取值说明	标记字符	取值说明	标记字符	取值说明
'.'	点标记	'1'	下花三角标记	'h'	竖六边形标记
','	像素标记	'2'	上花三角标记	'H'	横六边形标记
'o'	实心圈标记	'3'	左花三角标记	'+'	十字标记
'v'	倒三角标记	'4'	右花三角标记	'x'	x 标记
'^'	上三角标记	's'	实心方形标记	'D'	菱形标记
'>'	右三角标记	'p'	实心五角标记	'd'	瘦菱形标记
'<'	左三角标记	'*'	星形标记	'|'	垂直线标记

** kwargs：表示控制曲线其他特征的参数，包括线条宽度，以及线条上点的颜色、大小、边缘宽度、颜色等。

【例 10.2】　下面展示了绘制两条曲线（正弦和余弦曲线）的代码。

例 10.2

10.3.2　绘制直方图

直方图是统计报告图形中的一种，也称质量分布图。通常它是用一系列等宽但不等高的长方形来表示所观测数据的分布情况。这里长方形的宽度表示所观测数据分段后形成的各段数值间隔，也称组距；高度表示数据在给定数值间隔内出现的频数或频率。在直方图中，X 轴是一系列连续的数据值，各个长方形之间紧挨着没有任何间隙，且等宽时使用长方形高度来表示频数或频率。通常使用 pyplot 子库中的 hist( ) 方法来实现直方图的绘制。

该方法语法格式如下：

pyplot. hist(data, bins, normed, facecolor, edgecolor, alpha)

参数说明：

①data：必选参数；表示所观测的输入数据，用以绘图的数据。

②bins：可选参数，默认值为 10；表示观测数据划分段数，即直方图中长方形的格式。

③normed：可选参数，默认值为 0 表示不对直方图进行向量归一化，长方形高度表示频数，取值为 1，则表示归一化，高度为频率。

④facecolor：表示长方形颜色。

⑤edgecolor：表示长方形边框颜色。

⑥alpha：表示透明度。

【例 10.3】　下面绘制了一个直方图用于展示某个班级 100 名学生的成绩分布情况，绘图使用的数据为 100 个学生的高等数学课程成绩。对应的绘制代码如下：

例 10.3

10.3.3　绘制条形图

条形图与直方图有点类似,但还有不同的地方,条形图中 X 轴的数据不再是数值,而是类别,且各个长方形之间也不再是连续的,而是有间隙;长方形的宽度表示类别,而高度则表示类别的频数。条形图一般包含两大类:垂直条形图和水平条形图,分别采用 pyplot 子库中的 bar( )方法与 barh( )方法来绘制。

1)垂直条形图的绘制

bar( )方法的语法格式如下:

bar(left, height, width, color, align, orientation)

参数说明:

①left:表示图中每一个长方形在 x 轴的起始位置。

②height:表示图中每一个长方形在 y 轴的数据。

③width:表示图中每一个长方形的宽度,默认值为 0.8。

④color:表示图中每一个长方形的填充色。

⑤align:可选参数,默认为′center′,取值范围为{′center′,′edge′}。如果是′edge′,通过左边界(条形图垂直)和底边界(条形图水平)来使条形图对齐;如果是′center′,将 left 参数解释为条形图中心坐标。

⑥orientation:取值范围为{′vertical′, ′horizontal′},表示垂直还是水平,默认为垂直。

【例 10.4】　下面案例通过绘制垂直条形图来展示四类动物的数量。具体代码如下:

例 10.4

2)水平条形图的绘制

barh( )方法的语法格式如下:

barh(y, x, height, color, alpha)

参数说明:

①y:表示图中每一个长方形在 y 轴上的起始位置。

②x:表示图中每一个长方形在 x 轴上的起始位置。

③height:表示图中每一个长方形的高度。

④color:表示图中每一个长方形的填充色。

⑤alpha:设置透明度。

下面案例代码展示了绘制水平条形图描述每一种图书的数量。

```
#导入库
import matplotlib.pyplot as plt
#正常显示中文,不出现乱码现象
```

```
plt.rcParams['font.sans-serif'] = ['simhei']   #用黑体显示中文
plt.rcParams['axes.unicode_minus'] = False     #正常显示负号
plt.figure(figsize=(3,4), dpi=200)    #创建窗口
#设置 X, Y 轴的标签
plt.xlabel('图书数量', fontsize=10)
plt.ylabel('图书类别', fontsize=10)
plt.title('各类图书的数量', fontsize=15)
y = range(4)   #设置 y 轴数据
w = 0.6   #设置长条形宽度
x = [10,15,20,30]   #设置 x 轴数据
plt.yticks(range(4),['Python', 'C', 'Java', 'C++'])   #设置 x 轴刻度标签
plt.barh(y, x, height=w, color='green')   #绘制水平条形图
plt.show()   #显示图表
```

程序运行结果如图 10.8 所示。

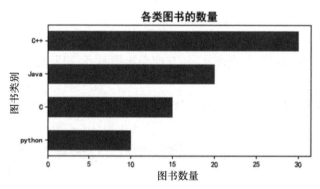

图 10.8　显示各类图书数量的水平条形图

10.3.4　绘制散点图

散点图是指在数理统计回归分析中数据点在直角坐标系平面上的分布图。它表示因变量随自变量而变化的大致趋势。通过散点图可找到各个变量之间隐藏的线性关系、指数关系或对数关系等。使用 pyplot 子库中的 scatte()方法实现散点图的绘制,以此来展现数据的分布情况。

scatter()方法的语法格式如下:

scatter(x, y, s, c, marker, alpha, edgecolors)

参数说明:

①x:表示散点图中各个点的横坐标值。

②y:表示散点图中各个点的纵坐标值。

③s:表示散点图中各个点的大小。

④c:表示散点图中各个点的颜色。

⑤marker:表示散点图中各个点的形状,默认为圆形。

⑥alpha:表示散点图中各个点的透明度。

⑦edgecolors:表示散点图中各个点的边界颜色。

例 10.5

【例 10.5】　下面展示了一个散点图绘制的代码。

10.3.5　绘制饼图

饼图是在一张饼中展示一个数据系列中各个小项与各项总和的比例。其中,每一个小项使用扇形来表示,扇形区域面积越大,其所代表小项在总项中占据的比例越大。使用饼图对数据进行直观化地展示,可清晰地展现出各个小项之间,以及各小项与总体之间的比例关系。

用 pyplot 子库中的 pie() 方法来实现饼图的绘制。

该方法语法格式如下:

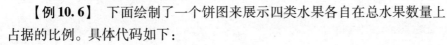

pyplot. pie(sizes, explode,labels, colors,autopct, pctdistance, shadow, labeldistance, startangle, radius)

参数说明:

①sizes:表示饼图中每一个小项在总项中所占据的比例。

②explode:表示饼图中每一个扇形与中心点的距离。

③labels:为饼图中每一个扇形代表的小项添加文本标签。

④colors:为饼图中每一个扇形代表的小项设置填充色。

⑤autopct:设置饼图内每一个小项在总项中所占据的比例的显示样式,可使用 format 字符串或格式化函数′%width. precisionf%%′指定比例数据的显示宽度和小数位数。

⑥pctdistance:设置圆内文本距圆心距离返回值。

⑦shadow:表示饼图是否含有阴影。

⑧labeldistance:设置标签文本距圆心位置。

例 10.6

⑨startangle:设置起始角度,默认从 0 开始并进行逆时针旋转。

【例 10.6】　下面绘制了一个饼图来展示四类水果各自在总水果数量上占据的比例。具体代码如下:

本章小结

本章首先对用于可视化的绘图库-Matplotlib 与子库 pyplot 以及如何安装作了简介;然后详细讲述了绘图的基本流程,以及绘制单图、多例图与多子图的绘制方法;最后深入讲解了

如何绘制折线图、直方图、条形图、饼图及散点图等常见图形与注解。通过本章的学习,可熟练掌握运用 Matplotlib 与子库 pyplot 绘制各类图形的方法,为后续更好地进行数据分析奠定良好的基础。

练习题 10

练习题 10

第 11 章　Python 数据分析

Pandas 是 Python 中对大型数据集进行高效数据分析的核心扩展库,本质为基于 numpy 而构建的一种数据分析包。它包含了大量库,快速、灵活、明确的数据结构,以及操作大型数据集所需的工具,能较好地处理关系型和标记型数据,使数据分析任务变得简单而高效。本章将带领读者学习数据分析工具-Pandas 的相关基础知识,含以下知识点:

①Pandas 库简介及安装方法。

②Pandas 库中提供的数据结构:Series 与 DataFrame。

③Pandas 索引与数据基本选择。

④Pandas 统计分析。

⑤Pandas 合并、连接与排名。

⑥Pandas 数据筛选与过滤操作。

⑦Pandas 数据读取与写入操作。

⑧案例实战:学生选课数据分析。

11.1　Pandas 库简介与安装

Pandas 是一种基于 Numpy 的,高效而强大的数据分析库,备受广大数据分析爱好者的推崇,已成为 Python 数据分析与实战的必备高级工具。它主要有以下特点:

①具备按轴自动或显示数据对齐功能的数据结构:一维数据结构-Series 与二维数据结构-DataFrame。

②可通过插入与删除 DataFrame 数据结构中的列操作改变大小。

③集成时间序列功能。

④智能对齐和灵活处理缺失数据。

⑤基于智能标签,对大型数据集进行切片、花式索引、子集分解等操作。

⑥具备强大而灵活的分组功能,并可对数据集进行聚合与转换等操作。

⑦支持对数据集进行合并、连接、排序以及其他出现在数据库中的关系型运算。

⑧支持层次化索引,实现从低维度形式处理高维度数据。

⑨能在内存数据结构与不同格式文件之间进行数据读写,如读写文本文件(csv,txt)、Excel 文件、数据库文件及 HDF5 格式文件等。

⑩在学术、商业等领域中得到广泛应用,如金融、经济学和统计学等。

由于 Pandas 是第三方扩展库。因此,在导入使用前还需要进行安装,可在 DOS 命令行中输入命令:pip install pandas,也可在 pycharm 中 settings 下找到 project interpreter 进行安装。Anaconda 是一个开源的 Python 发行版本,集成了 NumPy, SciPy, Pandas, Matplotlib, scikit-learn 等科学包及其依赖项,故在 Anaconda 中可直接导入 pandas 库使用。

导入 pandas 库:

import pandas as pd

若要使用该库中包含的两类数据结构,则可以下方式进行导入:

from pandas import Series, DataFrame

11.2　Pandas 数据结构

Pandas 中提供了 3 类数据结构,即一维数据结构-Series,二维数据结构-DataFrame,以及三维数据结构-Panel。这里主要介绍 Series 与 DataFrame。

11.2.1　Series

Series 是 Pandas 中提供的一维数据结构,与 Python 中的列表以及 numpy 库中 ndarray 表示的一维数组类似。可将其看成一维数组,该数组中能容纳任意类型的数据元素,如整型、浮点型、字符串型、列表、元组、字典等,但长度不可改变。本质上,Series 就是由一组数据标签(也称索引)和与之紧密相关联的实际数据构成的,如图 11.1 所示。

数据标签	实际数据
0	10
1	10.25
2	'aabbcc'
3	True
4	[1,2,3,4,5]
5	('a','b','c','d')
⋮	⋮

图 11.1　Series 数据结构

可知,Series 数据结构中左边为数据标签,而实际数据则显示在右边;当创建 Series 数据结构却未明确指定数据标签时,默认情况下,它会自动生成一个取值范围为 0 到 N～1 的整数型索引作为数据标签,这里的 N 为数据长度。当然,用户也可通过 Series 的 index 属性和 values 属性来自定义或获取数据标签和实际数据。

在 Pandas 中,主要通过构造函数 Series( ) 来创建 Series 对象,以构建一维数据。

其语法格式如下:

Series(data, index,dtype, copy)

参数说明:

①data:表示构成 Series 对象的实际数据,形式可以是标量、列表、元组、字典、一维 ndarray 及 Series 数据等。

②index:表示构成 Series 对象的数据标签,即索引;索引值必须是唯一的,且总个数与数据长度 N 保持一致,默认值为 np. arange(N)。

③dtype:表示实际数据的数据类型。

④copy:表示是否复制数据,默认值为 False。

下面展示了一系列 Series 对象的创建方式。具体代码如下:

①从列表创建一个 Series 对象,用来存储一名学生的基本信息。当未明确指定 index 的值时,此时会自动生成一个 0 ~ N-1 的整数型索引,这里的 N 为列表长度。

```
#未指定索引
import pandas as pd
s1 = pd. Series( data = ['20210001','lihua',20,'computer'])
s1
Out[1]:
0            20210001
1               lihua
2                  20
3            computer
dtype：object
#明确指定索引
s2 = pd. Series( data = ['20210001','lihua',20,'computer'], index = ['id','name','age','major'])
s2
Out[2]:
id           20210001
name            lihua
age                20
major        computer
dtype：object
```

②从元组创建一个 Series 对象,用来存储一名学生的基本信息。当未指定索引时,系统会自动生成一个整数型索引,与上述形式类似。

```
#未指定索引
import pandas as pd
y1 = pd. Series( data = ( '20210002' , 'lisi' , 21 , 'computer' ) )
y1
Out[ 1 ]:
0              20210002
1                   lisi
2                     21
3              computer
dtype：object
#明确指定索引
y2 = pd. Series( data = ( '20210002' , 'lisi' , 21 , 'computer' ) , index = [ 'id' , 'name' , 'age' , 'ma-
jor' ] )
y2
Out[ 2 ]:
id             20210002
name               lisi
age                  21
major          computer
dtype：object
```

③从字典创建一个 Series 对象,用来存储一名学生的基本信息。当未指定索引时,则会将字典中的键按序取出来构造索引;若明确指定索引后,则字典中与索引标签名相匹配的键对应的值将会被取出作为索引标签对应的实际数据,且索引标签顺序不变,而对未匹配的索引标签,其值未 NaN。

```
#未指定索引
import pandas as pd
d = { 'id' : '20210003' , 'name' : 'liuyu' , 'age' : 19 , 'major' : 'english' }
d1 = pd. Series( data = d)
d1
Out[ 1 ]:
id             20210003
name              liuyu
age                  19
major           english
dtype：object
#明确指定了索引
d = { 'id' : '20210003' , 'name' : 'liuyu' , 'age' : 19 , 'major' : 'english' }
```

d2 = pd. Series(data = d, index = ['name','id','tel','age','major'])

d2

Out[2]:

name   liuyu

id   20210003

tel   NaN

age   19

major   english

dtype：object

④从一维 ndarray 创建一个 Series 对象,用来存储一名学生的基本信息。当未指定索引时,则会自动生成一个整数型索引,取值范围为 0~N-1,这里的 N 为一维 ndarray 的长度。

```
#未指定索引
import pandas as pd
import numpy as np
n = np. array(['20210004','chenyu',18,'math'])
n1 = pd. Series( data = n)
n1
```

Out[1]:

0   20210004

1   chenyu

2   18

3   math

dtype：   object

```
#明确指定了索引
n2 = pd. Series( data = n, index = ['name','id','tel','age','major'])
n2
```

Out[2]:

name   20210003

id   chenyu

age   18

major   math

dtype：object

11.2.2 DataFrame

DataFrame 是 Pandas 中的二维数据结构,类似于 Excel 中的表格,数据以行和列的表格方式排列,包含一组有序的列,各个列可取不同类型的值,如数字型、浮点型、字符串及布尔型等。它既有行索引又有列索引,可看成由共享同一个索引的 Series 所组成的字典。该数

据结构如图 11.2 所示。

	bookId	bookName	bookPrice	bookNumber	bookAuthor
0	'0001'	'数据结构'	30.45	100	'萨师煊'
1	'0002'	'数据库原理'	40.24	156	'唐志强'
2	'0003'	'Python 程序设计'	48.20	231	'董付国'
3	'0004'	'Java 程序设计'	38.25	200	'马世霞'
4	'0005'	'数据挖掘与分析'	36.58	180	'张良均'

图 11.2 DataFrame 数据结构

图 11.2 中的行索引号为 0,1,2,3,4,列索引号为'bookId','bookName','bookPrice',
'bookNumber','bookAuthor';而中间由行索引和列索引构成的单元各种则存放了实际数据。
由于可随时向 DataFrame 数据结构中增加新列或新行,也可删除若干列和行,还可对某些数
据进行修改等。因此,DataFrame 数据结构是大小可变的。

在 Pandas 中,主要通过构造函数 DataFrame()来创建 Series 对象,以构建二维数据。
其语法格式如下:

DataFrame(data, index,columns, dtype,copy)

参数说明:

①data:表示构成 DataFrame 对象的实际数据,形式为二维 ndarray,由列表、元组、字典、
Series 组成的字典,由列表、元组、字典、Series 组成的列表,或另一个 DataFrame 等。

②index:表示构成 DataFrame 对象的行数据标签,即行索引;索引值可以不唯一,且总个
数与数据行数 M 保持一致,默认值为 np.arange(M)。

③columns:表示构成 DataFrame 对象的列数据标签,即列索引,总个数与数据列数 N 保
持一致,默认值为 np.arange(N)。

④dtype:表示每一列数据的数据类型。

⑤copy:表示是否复制数据,默认值为 False。

下面展示了一系列 DataFrame 对象的创建方式。具体代码如下:

①从由列表、元组、字典、Series 组成的列表来创建 DataFrame 对象用于存储一个班级多
名学生信息。当未指定行索引与列索引时,则采用自动生成的整数型索引。

```
#从单个列表创建 DataFrame 对象存储班级中的一名学生信息
import pandas as pd
l1 = ['20210001', 'lihua',20, 'computer']
d1 = pd.DataFrame(l1)
d1
```

Out[1]:

\#从多维列表(由列表组成的列表)创建 DataFrame 对象存储班级中多名学生信息

l2 = [[′20210001′，′lihua′，20，′computer′]，[′20210002′，′liyan′，21，′physics′]，[′20210003′，′liuhua′,20，′computer′]，[′20210004′，′lisi′,21，′english′]]

d2 = pd. DataFrame(l2)

d2

Out[2]:

	0	1	2	3
0	20210001	lihua	20	computer
1	20210002	liyan	21	physics
2	20210003	liuhua	20	computer
3	20210004	lisi	21	english

\#从由元组组成的列表创建 DataFrame 对象

l3 = [(′20210001′，′lihua′，20，′computer′)，(′20210002′，′liyan′，21，′physics′)，(′20210003′，′liuhua′,20，′computer′)，(′20210004′，′lisi′,21，′english′)]

d3 = pd. DataFrame(l3)

d3

Out[3]:

	0	1	2	3
0	20210001	lihua	20	computer
1	20210002	liyan	21	physics
2	20210003	liuhua	20	computer
3	20210004	lisi	21	english

\#明确指定行索引和列索引

l4 = [(′20210001′，′lihua′，20，′computer′)，(′20210002′，′liyan′，21，′physics′)，(′20210003′，′liuhua′,20，′computer′)，(′20210004′，′lisi′,21，′english′)]

d4 = pd. DataFrame(l4，index = [′one′,′two′,′three′,′four′]，columns = [′id′,′name′,′age′,′major′])

d4

Out[4]:

	id	name	age	major
one	20210001	lihua	20	computer
two	20210002	liyan	21	physics
three	20210003	liuhua	20	computer
four	20210004	lisi	21	english

\#从由 Series 组成的列表创建 DataFrame 对象

l5 = [pd. Series([′20210001′,′lihua′,20，′computer′]，index = [′id′,′name′,′age′,′major′])，

pd. Series([′20210002′，′liyan′,21，′physics′]，index = [′id′,′name′,′age′,′major′])，

pd. Series([′20210003′，′liuhua′，20，′computer′]，index = [′id′,′name′,′age′,′major′])，

pd. Series([′20210004′, ′lisi′,21, ′english′], index = [′id′,′name′,′age′,′major′])]

d5 = pd. DataFrame(15, index = [′one′,′two′,′three′,′four′])

d5

Out[9]:

	id	name	age	major
one	20210001	lihua	20	computer
two	20210002	liyan	21	physics
three	20210003	liuhua	20	computer
four	20210004	lisi	21	english

②从由列表、元组、字典、Series 以及 ndarray 组成的字典来创建 DataFrame 对象,此时 DataFrame 将字典中每一个元素的键作为列名,值作为列值,并自动为每一行加上整数型索引;同时,通过 columns 参数设置的列索引将不再被使用,若字典的键不能与列索引匹配时,则设置相应的值为 NaN。

#从由列表组成的字典创建 DataFrame 对象

l6 = {′id′:[′20210001′,′20210002′,′20210003′,′20210004′],

    ′name′:[′lihua′,′liyan′,′liuhua′,′lisi′],

    ′age′:[20,21,20,21],

    ′major′:[′computer′,′physics′,′computer′,′english′]}

d6 = pd. DataFrame(16, index = [′one′,′two′,′three′,′four′])

d6

Out[10]:

	id	name	age	major
one	20210001	lihua	20	computer
two	20210002	liyan	21	physics
three	20210003	liuhua	20	computer
four	20210004	lisi	21	english

#从由元组组成的字典创建 DataFrame 对象

l7 = {′id′:(′20210001′,′20210002′,′20210003′,′20210004′),

    ′name′:(′lihua′,′liyan′,′liuhua′,′lisi′),

    ′age′:(20,21,20,21),

    ′major′:(′computer′,′physics′,′computer′,′english′)}

d7 = pd. DataFrame(17, index = [′one′,′two′,′three′,′four′])

d7

Out[11]:

	id	name	age	major
one	20210001	lihua	20	computer
two	20210002	liyan	21	physics
three	20210003	liuhua	20	computer
four	20210004	lisi	21	english

#明确指定列索引

l8 = { 'id' : ('20210001' , '20210002' , '20210003' , '20210004') ,

　　'name' : ('lihua' , 'liyan' , 'liuhua' , 'lisi') ,

　　'age' : (20 , 21 , 20 , 21) ,

　　'major' : ('computer' , 'physics' , 'computer' , 'english') }

　　d8 = pd. DataFrame(l8 , index = ['one' , 'two' , 'three' , 'four'] , columns = ['a' , 'name' ,
'age' , 'major'])

　　d8

Out[12]:

	a	name	age	major
one	NaN	lihua	20	computer
two	NaN	liyan	21	physics
three	NaN	liuhua	20	computer
four	NaN	lisi	21	english

\#从由 ndarray 组成的字典创建 DataFrame 对象

import numpy as np

l8 = { 'id' : ('20210001' , '20210002' , '20210003' , '20210004') ,

　　'math' : np. random. randint(0 , 100 , 4) ,

　　'english' : np. random. randint(0 , 100 , 4) ,

　　'chinese' : np. random. randint(0 , 100 , 4) }

　　d8 = pd. DataFrame(l8 , index = ['one' , 'two' , 'three' , 'four'])

　　d8

Out[19]:

	id	math	english	chinese
one	20210001	12	94	98
two	20210002	2	82	4
three	20210003	70	34	91
four	20210004	40	50	89

\#从由 Series 组成的字典创建 DataFrame 对象

l9 = { 'id' : ('20210001' , '20210002' , '20210003' , '20210004') ,

　　'math' : pd. Series([50 , 60 , 64 , 74] , index = ['one' , 'two' , 'three' , 'four']) ,

　　'english' : pd. Series([60 , 70 , 84 , 44] , index = ['one' , 'two' , 'three' , 'four']) ,

　　'chinese' : pd. Series([80 , 69 , 54 , 64] , index = ['one' , 'two' , 'three' , 'four']) }

　　d9 = pd. DataFrame(l9)

　　d9

Out[22]:

	id	math	english	chinese
one	20210001	50	60	80
two	20210002	60	70	69
three	20210003	64	84	54
four	20210004	74	44	64

③从二维 ndarray 创建 DataFrame 对象

#创建一个 DataFrame 对象,存储4 为学生对应的 5 门课程成绩

l10＝np. random. randint(0,100,(4,5))

d10＝pd. DataFrame(l10, index＝['one','two','three','four'], columns＝['computer',
'physics','chinese','english','math'])

d10

Out[24]:

	computer	physics	chinese	english	math
one	81	32	11	24	32
two	89	61	42	60	66
three	39	36	42	79	64
four	69	32	33	96	52

11.3　Pandas 索引与数据基本操作

11.3.1　索引对象与重新索引

1)索引对象

Pandas 提供了用于管理 Series 和 DataFrame 对象中轴标签和其他元数据的索引对象-Index 对象。它保存了索引标签数据,用户可根据该索引标签访问 Series 和 DataFrame 对象中指定位置的数据元素。

```
import pandas as pd
a＝pd. Series(data＝['a1','a2','a3','a4','a5'], index＝[1,2,3,4,5])
#获取 Series 中的索引标签
s＝a. index
s
    Int64Index([1,2,3,4,5], dtype＝'int64')
#获取 Series 中的值
a. values
    array(['a1', 'a2', 'a3', 'a4', 'a5'], dtype＝object)
#获取 DataFrame 中的行索引
d ＝ pd. DataFrame({'A':['a2', 'a3'],
                     'B':['b2', 'b3'],
```

$$'C':['c2', 'c3'],$$
$$'D':['d2', 'd3']\},$$
$$index=[2,3])$$

d. index

Int64Index([2,3], dtype='int64')

#获取 DataFrame 中的列索引

d. columns

Index(['A', 'B', 'C', 'D'], dtype='object')

#获取 DataFrame 中的值

d. values

array([['a2', 'b2', 'c2', 'd2'],
　　　　['a3', 'b3', 'c3', 'd3']], dtype=object)

通常使用 Index( ) 来创建索引对象,可传递给 Series 或 DataFrame 对象的参数 index 和 columns,而一旦创建完毕,就不可对其进行随意修改,否则会报错,这就使该对象可在多个数据结构之间安全共享。具体代码如下:

s[1]=6

```
TypeError                           Traceback (most recent call last)
<ipython-input-25-3f17908a74b0> in <module>
----> 1 s[1]=6

D:\Program Files (x86)\sss\lib\site-packages\pandas\core\indexes\base.py in __setitem__(self, key, value)
   4258
   4259        def __setitem__(self, key, value):
-> 4260            raise TypeError("Index does not support mutable operations")
   4261
   4262        def __getitem__(self, key):

TypeError: Index does not support mutable operations
```

#创建索引对象

import numpy as np

i1 = pd. Index(np. random. randint(10,20,5))

#将索引对象传递给 DataFrame 参数 index

s2 = pd. Series([10,100,1000,10000,100000], index=i1)

s2

#将索引对象传递给 Series 参数 index

i2 = pd. Index(['a','b','c','d','e'])

d = np. random. randint(1,10,(5,5))

da = pd. DataFrame(data=d, index=i1, columns=i2)

da

	a	b	c	d	e
17	8	2	5	4	6
18	5	4	6	3	2
10	1	7	9	7	5
13	2	3	7	5	2
12	7	9	1	7	5

Pandas 中的 Index 对象主要包含一些属性和方法,见表 11.1。

表 11.1　Index **对象的方法与属性**

方法或属性	功能说明
append	与另一个 Index 对象相连接,产生一个新的 Index 对象
diff	计算两个 Index 对象的差集,产生一个新的 Index 对象
intersection	计算两个 Index 对象的交集,产生一个新的 Index 对象
union	计算两个 Index 对象的并集,产生一个新的 Index 对象
isin	计算一个指示各值是否都在集合中的布尔数组,True 表示在;否则,表示不在
delete	删除指定索引 i 处的元素,并返回一个新的 Index 对象
drop	删除传入的值,并返回一个新的 Index 对象
insert	在索引 i 处插入元素,并返回一个新的 Index 对象
is_monotonic	当各个元素均大于前一个元素时,返回 True
is_unique	当索引对象没有重复值时,返回 True
unique	计算索引对象中唯一值的数组

上述属性或方法的使用具体代码如下:
```
#创建索引对象
import numpy as np
i1 = pd. Index( np. random. randint( 10 ,20 ,5))
#获取索引对象中唯一值的数组
i1. unique( )
    Int64Index( [17 ,18 ,10 ,13 ,12] , dtype = 'int64')
#判断索引对象是否无重复值
i1. is_unique
    True
#获取一个判断索引对象每个值都否包含在指定序列中的布尔数组
i1. isin( [17 ,18 ,10])
    array( [True, True, True, False, False])
#在索引对象指定位置插入值
i1. insert( 1 ,15)
    Int64Index( [17 ,15 ,18 ,10 ,13 ,12] , dtype = 'int64')
#从索引对象中删除指定的值
i1. drop( 13)
    Int64Index( [17 ,18 ,10 ,12] , dtype = 'int64')
#删除索引对象指定位置的值
```

i1. delete(1)

Int64Index([17,10,13,12], dtype='int64')

2)重新索引

Pandas 对象的 reindex( )函数为 Series 与 DataFrame 提供了创建适应新索引的新对象的方法,也是一种实现数据自动对齐的方法。它沿着指定轴,让现有数据与给定的一组新标签进行匹配,并重新排序;在有标签但无数据的位置会自动插入缺失值标记。Reindex( )函数包含的参数及含义说明见表 11.2。

表 11.2　Reindex( )函数包含的参数及含义说明

参　　数	功能说明
index	用作索引的新序列。既可以是 Index 实例,也可以是其他序列型的 Python 数据结构
method	插值填充方式,ffill(前向填充)或 bfill(后向填充)
fill_value	在重新索引过程中,需要引入缺失值时使用的替代值
limit	前向或后向填充时的最大填充量
level	在 MultiIndex 的指定级别上匹配简单索引,否则选取其子集
copy	默认为 True,无论如何都复制。如果为 False,则新旧相等就不复制

下面展示了 Series 与 DataFrame 的重新索引。

import pandas as pd

(1)Series 的重新索引

对 Series 进行重新索引时,会根据新索引进行重排。

s=pd. Series(data=['China','German','America'], index=[2,4,6])

print(s)

```
    2          China
    4          German
    6          America
dtype：object
```

#重新索引

s. reindex([1,2,3,4,5,6,7])

```
    1          NaN
    2          China
    3          NaN
    4          German
    5          NaN
    6          America
```

```
7              NaN
dtype：object
```

\#为缺失值指定默认值

s. reindex（[1,2,3,4,5,6,7], fill_value='country'）

```
1              country
2              China
3              country
4              German
5              country
6              America
7              country
dtype：object
```

\#指定为缺失值填充元素方法为后向填充,最大填充数量为3

s. reindex（[1,2,3,4,5,6,7], method='bfill', limit=3）

```
1              China
2              China
3              German
4              German
5              America
6              America
7              NaN
dtype：object
```

（2）DataFrame 的重新索引

对 DataFrame 进行重新索引时,可修改行索引以及列索引,或对行列索引同时修改。

d=pd. DataFrame（data = np. random. randint（100,500,（4,4）））, index = [0,3,4,6],
columns = ['a','c','d','f']）

d

	a	b	c	d
0	409	435	295	121
1	123	105	410	109
2	196	449	145	460
4	211	315	324	499

\#修改行索引

d. reindex（[0,1,2,3,4,5,6]）

	a	b	c	d
0	409.0	435.0	295.0	121.0
1	123.0	105.0	410.0	109.0
2	196.0	449.0	145.0	460.0
3	NaN	NaN	NaN	NaN
4	211.0	315.0	324.0	499.0
5	NaN	NaN	NaN	NaN
6	NaN	NaN	NaN	NaN

#指定填充缺失值的方法为 ffill

d. reindex([0,1,2,3,4,5,6] , method = ′ffill′)

	a	b	c	d
0	409	435	295	121
1	123	105	410	109
2	196	449	145	460
3	196	449	145	460
4	211	315	324	499
5	211	315	324	499
6	211	315	324	499

#修改列索引

d. reindex(columns = [′a′ , ′b′ , ′c′ , ′d′ , ′e′ , ′f′] , fill_value = 200)

	a	b	c	d	e	f
0	409	435	295	121	200	200
1	123	105	410	109	200	200
2	196	449	145	460	200	200
4	211	315	324	499	200	200

11.3.2　索引与数据查询

1）查询 Series

Pandas 提供了两类方法来访问 Series 中的单个或多个数据元素：一类是通过位置序号，另一类则是通过索引号。

s1 = pd. Series(data = [′20210001′ , ′lihua′ ,20 , ′computer′] , index = [′id′ , ′name′ , ′age′ , ′major′])

#通过位置序号访问元素

print(s1[-1])

print(s1[2])

print(s1[: :-1])

print(s1[∷2])

程序运行结果为:

Computer

20

major	computer
age	20
name	lihua
id	20210001

dtype:object

id	20210001
age	20

dtype:object

#通过索引号访问元素

print(s1['age'])

print(s1[['name','age','major']])

程序运行结果为:

20

name	lihua
age	20
major	computer

dtype:object

2)查询 DataFrame

DataFrame 对象包含一些常见的属性或方法,用于访问该对象存储数据及相关信息,见表 11.3。

表 11.3　DataFrame **常见属性与方法**

属性或方法名	功能说明
T	对 DataFrame 对象的行与列进行转置
axes	以列表形式返回行索引号与列索引号信息
dtype	获取 DataFrame 对象的数据元素的数据类型
empty	判断 DataFrame 对象是否完全为空,若全为空,则返回 True
ndim	返回 DataFrame 对象的维度大小
shape	以元组形式返回 DataFrame 对象的维度
size	获取 DataFrame 对象的数据元素的总个数
values	获取 DataFrame 对象的数据元素

属性或方法名	功能说明
columns	以列表形式返回行列索引号
index	以列表形式返回行行索引号
head( )	返回前 n 行,n 默认为 5
tail( )	返回后 n 行,n 默认为 5

下述代码介绍了 DataFrame 对象相关属性信息的获取。

import pandas as pd

l1 = [('20210001','lihua', 20,'computer'),('20210002','liyan', 21,'physics'),('20210003','liuhua',20,'computer'),('20210004','lisi',21,'english')]

d1=pd.DataFrame(11, index=['one','two','three','four'], columns=['id','name','age','major'])

d1.head(3)

	id	name	age	major
one	20210001	lihua	20	computer
two	20210002	liyan	21	physics
three	20210003	liuhua	20	computer

d1.tail(3)

	id	name	age	major
two	20210002	liyan	21	physics
three	20210003	liuhua	20	computer
four	20210004	lisi	21	english

print(d1.T)

	one	two	three	four
id	20210001	20210002	20210003	20210004
name	lihua	liyan	liuhua	lisi
age	20	21	20	21
major	computer	physics	computer	english

print(d1.empty)

　False

print(d1.ndim)

　2

print(d1.shape)

　(4,4)

print(d1.index)

Index(['one','two','three','four'], dtype='object')

print(d1.columns)

Index(['id','name','age','major'], dtype='object')

print(d1.dtypes)

id	object
name	object
age	int64
major	object

dtype：object

print(d1.values)

[['20210001' 'lihua'20'computer']
 ['20210002' 'liyan'21'physics']
 ['20210003' 'liuhua'20'computer']
 ['20210004' 'lisi'21'english']]

print(d1.size)

16

由于 DataFrame 既包含行又包含列。因此,访问其中的数据,可分别按照行或列及进行数据访问。

#1. 按照列访问 DataFrame 中数据

#访问列'age'

d1['age']   #与 d1.age 同效

one	20
two	21
three	20
four	21

Name：age, dtype：int64

#访问多列,如'id','name','age'

d1[['id','name','age']]

	id	name	age
one	20210001	lihua	20
two	20210002	liyan	21
three	20210003	liuhua	20
four	20210004	lisi	21

#2. 按照行访问 DataFrame 中数据

#使用 loc[[index],[column]]通过标签筛选出若干行,若干列的数据

#使用 loc 访问行'one'

d1.loc['one']

```
id                  20210001
name                lihua
age                 20
major               computer
Name：one，dtype：object
```

#访问前 2 行：′one′，′two′,前 3 列：′id′，′name′，′age′

d1.loc[[′one′,′two′],[′id′,′name′,′age′]]

	id	name	age
one	20210001	lihua	20
two	20210002	liyan	21

#使用 iloc[[index],[column]]可以通过位置筛选出若干行,若干列的数据,行或列的位置序号均是整数,从 0 开始。

#使用 iloc 访问行′two′,主要接收行所在的位置序号

d1.iloc[1]

```
id                  20210002
name                liyan
age                 21
major               physics
Name：two，dtype：object
```

#使用 iloc,结合切片访问第 1 行和第 3 行

d1[∷2]

	id	name	age	major
one	20210001	lihua	20	computer
three	20210003	liuhua	20	computer

#访问前 2 行：′one′，′two′,前 3 列：′id′，′name′，′age′

d1.iloc[[0,1],[0,1,2]]

	id	name	age
one	20210001	lihua	20
two	20210002	liyan	21

11.3.3　索引与数据添加

由于 Series 为大小不可变的一维数据结构。因此,无法向 Series 中进行元素的添加、修改和删除等基本操作。Pandas 主要提供了两种方式向 DataFrame 中添加数据元素,分别是基于行或列的角度来完成元素添加操作。

#1. 按照列向 DataFrame 中添加数据

#添加列′four′

d1['school']=pd.Series(data=['计算机学院','物理学院','计算机学院','外语学院'],
index=['one','two','three','four'])

d1

	id	name	age	major	school
one	20210001	lihua	20	computer	计算机学院
two	20210002	liyan	21	physics	物理学院
three	20210003	liuhua	20	computer	计算机学院
four	20210004	lisi	21	english	外语学院

#2.按照行向 DataFrame 中添加数据

#添加4行

d=pd.DataFrame([['20210005','liuha',21,'math','数理与统计学院'],
　　　　　　　　['20210006','chenha',20,'chinese','文新学院'],
　　　　　　　　['20210007','lihong',21,'IOT','大数据与人工智能学院'],
　　　　　　　　['20210008','liya',19,'math','数理与统计学院']],
　　　　　　　　index=['one','two','three','four'],
　　　　　　　　columns=['id','name','age','major','school'])

d1.append(d)

	id	name	age	major	school
one	20210001	lihua	20	computer	计算机学院
two	20210002	liyan	21	physics	物理学院
three	20210003	liuhua	20	computer	计算机学院
four	20210004	lisi	21	english	外语学院
one	20210005	liuha	21	math	数理与统计学院
two	20210006	chenha	20	chinese	文新学院
three	20210007	lihong	21	IOT	大数据与人工智能学院
four	20210008	liya	19	math	数理与统计学院

11.3.4　索引与数据修改

Pandas 提供了一些方法用于修改 DataFrame 中的单个或若干个数据元素,具体如下:

#基于列修改 DataFrame 中的数据元素

d1['age']=d1['age']+2#将列'age'的值进行加2操作

d1

	id	name	age	major	school
one	20210001	lihua	23	computer	计算机学院
two	20210002	liyan	24	physics	物理学院
three	20210003	liuhua	23	computer	计算机学院
four	20210004	lisi	24	english	外语学院

#基于行修改 DataFrame 中的数据元素

#修改行′one′的值为［′20210005′，′liuha′,21，′math′,′数理与统计学院′］

d1. loc［′one′］＝pd. Series（data＝［′20210005′，′liuha′,21，′math′,′数理与统计学院′］,

index＝［′id′,′name′,′age′,′major′,′school′］）

d1

	id	name	age	major	school
one	20210005	liuha	21.0	math	数理与统计学院
two	20210002	liyan	24.0	physics	物理学院
three	20210003	liuhua	23.0	computer	计算机学院
four	20210004	lisi	24.0	english	外语学院

#修改第 2 行第 3 列的值为 24

d1［′two′,′age′］＝24

d1

	id	name	age	major	school	(two, age)
one	20210005	liuha	21.0	math	数理与统计学院	24
two	20210002	liyan	24.0	physics	物理学院	24
three	20210003	liuhua	23.0	computer	计算机学院	24
four	20210004	lisi	24.0	english	外语学院	24

11.3.5　索引与数据删除

Pandas 提供了两种方式用于删除 DataFrame 中的单个或若干个数据元素。具体如下：

#1. 按照列删除向 DataFrame 中数据

#删除列′age′

d1. pop（′age′）

one	20
two	21
three	20
four	21

Name：age, dtype：int64

#2. 按照行删除 DataFrame 中数据

#删除行′two′

d1. drop（′two′）

	id	name	major	school
one	20210001	lihua	computer	计算机学院
three	20210003	liuhua	computer	计算机学院
four	20210004	lisi	english	外语学院

11.4 Pandas 统计分析

11.4.1 描述性与汇总统计

Pandas 提供了一些常见的数学与统计方法,使用户可快速、高效地从 Series 或 DataFrame 中提取有用的数据信息。这些方法的存在是基于数据无缺失值这一假设前提的,大致归为描述统计方法和约简方法,见表 11.4 和表 11.5。

表 11.4 描述统计方法

方法名称	功能说明
count	获取非 NaN 值的数量
describe	对 Series 或 DataFrame 的各个列做汇总统计,如最大值、最小值、平均值、中位数以及非 NaN 值的个数等
info	显示 DataFrame 的基础信息,包括行的数量、列名;每一列值的数量、类型等
max	获取最大值
min	获取最小值
sum	获取值的总和
mean	获取值的平均数
median	获取值的中位数
var	获取样本值的方差
std	获取样本值的标准差
argmax	获取最大值的索引位置,以整数形式表示
argmin	获取最小值的索引位置,以整数形式表示
idxmax	获取最大值的索引值
idxmin	获取最小值的索引值
cumsum	获取样本值的累计和
cumprod	获取样本值的累计积
⋮	⋮

表 11.5　约简方法的选项

选项名称	说　明
axis	约简的轴,对于 DataFrame 而言,行用 0,列用 1
skipna	排除缺失值,默认值为 True
⋮	⋮

上述方法的具体代码使用如下:

import numpy as np

import pandas as pd

l5 = [pd. Series (['20210001', 'lihua', 20, 'computer'], index = ['id', 'name', 'age', 'major']),

　　pd. Series (['20210002', 'liyan', 21, np. nan], index = ['id', 'name', 'age', 'major']),

　　pd. Series (['20210003', np. nan, 20, 'computer'], index = ['id', 'name', 'age', 'major']),

　　pd. Series (['20210004', 'lisi', np. nan, 'english'], index = ['id', 'name', 'age', 'major'])]

d5 = pd. DataFrame(l5, index = ['one', 'two', 'three', 'four'])

d5

	id	name	age	major
one	20210001	lihua	20.0	computer
two	20210002	liyan	21.0	NaN
three	20210003	NaN	20.0	computer
four	20210004	lisi	NaN	english

#统计各列非 NaN 值的总个数

d5. count( )

　　id　　　　　　4

　　name　　　　3

　　age　　　　　3

　　major　　　　3

　　dtype：int64

#获取各列的最大值

d5. max( )

　　id　　　　　　20210004

　　age　　　　　　　　21

　　dtype：object

#获取各列的最小值

d5. min( )

　　id　　　　　　20210001

```
     age                       20
     dtype：object
#获取各列的平均值
d5. mean( )
     id               5. 052500e+30
     age              2. 050000e+01
     dtype：float64
#求各行的总和,考虑 NaN 值
d5. sum( axis＝1, skipna＝False)
     one              20. 0
     two              21. 0
     three            20. 0
     four             NaN
     dtype：float64
#求各行的总和,忽略 NaN 值
d5. sum( axis＝0, skipna＝True)
     id               202100012021000220210003 20210004
     age                                             61
     dtype：object
#获取标准差
d5. var( )
     age              0. 333333
     dtype：float64
#获取平方值
d5. std( )
     age              0. 57735
     dtype：float64
```

#获取 d5 中元素为数值型数据的各列的非 NaN 值个数、平均值、最大值、最小值、平均值、标准差以及 1/4,3/4,1/2 中位数等信息

```
d5. describe( )
```

	age
count	3.000000
mean	20.333333
std	0.577350
min	20.000000
25%	20.000000
50%	20.000000
75%	20.500000
max	21.000000

#获取 d5 中包含的行数、列名、列中数据个数以及数据类型等基本信息

d5. info( )

```
<class 'pandas.core.frame.DataFrame'>
Index: 4 entries, one to four
Data columns (total 4 columns):
id       4 non-null object
name     3 non-null object
age      3 non-null float64
major    3 non-null object
dtypes: float64(1), object(3)
memory usage: 320.0+ bytes
```

针对 Series, pandas 还提供了另一类方法来抽取其中的值,主要包含唯一值、值统计及成员资格等,见表 11.6。

表 11.6　方法名称及含义

方法名称	含　义
isin	计算一个表示各值是否存在于传入的值序列中的布尔型数组,常用于选取 series 或 DataFrame 列中的数据子集
unique	计算 series 中的唯一值数组,并按照发现的元素顺序返回
value_counts	计算 series 中各值出现频率,并按值降序排列,然后返回一个索引唯一值,值为频率的 Series

上述方法的具体代码使用如下:

import pandas as pd

s=pd. Series(data=[10,9,10,12,13,14,12,12,24,13,14,25,28])

s

0	10
1	9
2	10
3	12
4	13
5	14
6	12
7	12
8	24
9	13
10	14
11	25
12	28

dtype：int64

#获取唯一值数组

s1 = s. unique( )

s1

array([10,9,12,13,14,24,25,28], dtype = int64)

#获取数组中各个不同值出现频率,并降序排列

s. value_counts( )

12	3
14	2
13	2
10	2
28	1
9	1
24	1
25	1

Dtype：int64

#判断数组中各个元素是否为序列[10,12,13,14]中的成员

s2 = s. isin([10,12,13,14])

s2

0	True
1	False
2	True
3	True
4	True
5	True
6	True
7	True
8	False
9	True
10	True
11	False
12	False

dtype：bool

#从上述一维数组中选取属于序列[10,12,13,14]中的元素

s[s2]

0	10
2	10
3	12
4	13

5	14
6	12
7	12
9	13
10	14

dtype：int64

11.4.2　数据分组

根据用户的不同处理需求对数据进行整合,如将数据按照某个类别进行分组,然后统计每组数据个数、总和、平均值等信息。因此,可采用分组和聚合方法来解决。数据的分组和聚合是关系型数据库中常见的术语,用户通常首先使用查询操作从数据库中抽取出符合特定需求的数据,然后按照某个字段或多个字段基于行、列角度对数据进行分组,最后对每一个分组实施不同的操作,如进行个数统计、求总和、平均值、最大值、最小值及平均值等。Pandas 中的 DataFrame 数据结构提供了与之类似的功能,使用户可很方便地变换 DataFrame 数据结构,大大提高数据处理效率。下面将结合实际例子详细介绍 Pandas 中实现数据分组与聚合的方法。

数据分组一般包含分割、应用和组合等流程:

①按照指定条件对数据进行分割形成若干个组。

②将指定函数应用于每一个小组数据。

③将处理结果组合形成新的数据结构。

Pandas 中通常使用 groupby( )来实现数据的分组功能。

该函数的语法格式如下:

groupby(by = None, axis = 0, level = None, as_index = True, sort = True, group_keys = True, queeze = False)

参数说明:

①by:接收映射、函数、标签或标签列表;用于确定聚合的组。

②axis:指明按行或列来分割数据,0 表示按行,1 表示按列,默认取值为 0。

③level:接收 int、级别名称或序列,默认为 None。

④as_index:接收布尔值,默认 True;True 则返回以组标签为索引的对象,False 则不以组标签为索引。

⑤sort:表示是否对输出结果按索引排序,默认为 True。

⑥group_keys:表示是否显示分组标签的名称,默认为 True。

⑦squeeze:表示是否在允许的情况下对返回数据进行降维,默认为 True。

现在生成一个 DataFrame 对象存储一个学院中若干名学生信息,然后对其进行分组操作。具体代码如下:

```
#生成一个 DataFrame 对象,存储一个学院若干学生的基本信息
import pandas as pd
```

```
l = [pd. Series(['20210001', 'lihu', 20,
'男', 'software engnieer', 60, 70, 80], index = ['id', 'name', 'age', 'sex', 'major', 'Python',
'c', 'java']),
    pd. Series(['20210002', 'liyan', 21, '女', 'computer network', 90, 50, 80], index = ['id',
'name', 'age', 'sex',
    'major', 'Python', 'c', 'java']),
    pd. Series(['20210003', 'lihua', 20, '女', 'IOT', 68, 78, 86], index = ['id', 'name', 'age',
'sex', 'major',
    'Python', 'c', 'java']),
    pd. Series(['20210004', 'lisi', 19, '男', 'computer science and technology', 60, 70, 80],
index = ['id', 'name',
    'age', 'sex', 'major', 'Python', 'c', 'java']),
    pd. Series(['20210005', 'huyan', 21, '女', 'computer network', 90, 40, 60], index = ['id',
'name', 'age', 'sex',
    'major', 'Python', 'c', 'java']),
    pd. Series(['20210006', 'wanghua', 20, '男', 'computer network', 60, 70, 70], index = ['id',
'name', 'age', 'sex',
    'major', 'Python', 'c', 'java']),
    pd. Series(['20210007', 'zhangsi', 19, '女', 'IOT', 50, 90, 60], index = ['id', 'name', 'age',
'sex', 'major',
    'Python', 'c', 'java'])]
stu = pd. DataFrame(l)
stu
```

	id	name	age	sex	major	python	c	java
0	20210001	lihu	20	男	software engnieer	60	70	80
1	20210002	liyan	21	女	computer network	90	50	80
2	20210003	lihua	20	女	IOT	68	78	86
3	20210004	lisi	19	男	computer science	60	70	80
4	20210005	huyan	21	女	computer network	90	40	60
5	20210006	wanghua	20	男	computer network	60	70	70
6	20210007	zhangsi	19	女	IOT	50	90	60

```
#1. 按照单列来分组, 如列 'sex'
s1 = stu. groupby('sex')
print(s1)    #函数返回结果为 DataFrameGroupBy 对象
<pandas. core. groupby. generic. DataFrameGroupBy object at 0x000001ECDC26BF88>
#可将函数返回结果转换为列表数据, 并使用 for 循环遍历
for d in list(s1):
    print(d)
```

```
print( )
```

上述代码运行结果图：

	id	name	age	sex	major	python	c	java
0	20210001	lihu	20	男	software engnieer	60	70	80
1	20210002	liyan	21	女	computer network	90	50	80
2	20210003	lihua	20	女	IOT	68	78	86
3	20210004	lisi	19	男	computer science	60	70	80
4	20210005	huyan	21	女	computer network	90	40	60
5	20210006	wanghua	20	男	computer network	60	70	70
6	20210007	zhangsi	19	女	IOT	50	90	60

\#可使用 get_group( )获取指定小组的数据

```
s1. get_group('男')
```

	id	name	age	sex	major	python	c	java
0	20210001	lihu	20	男	software engnieer	60	70	80
3	20210004	lisi	19	男	computer science	60	70	80
5	20210006	wanghua	20	男	computer network	60	70	70

```
s1. get_group('女')
```

	id	name	age	sex	major	python	c	java
1	20210002	liyan	21	女	computer network	90	50	80
2	20210003	lihua	20	女	IOT	68	78	86
4	20210005	huyan	21	女	computer network	90	40	60
6	20210007	zhangsi	19	女	IOT	50	90	60

\#2. 按照多列来分组，如先按列'sex'，后按列'age'

```
s2 = stu. groupby(['sex','age'])
for d in list(s2)：
    print(d)
    print( )
```

代码运行结果：

```
(('女', 19),          id      name  age sex major  python   c  java
6  20210007 zhangsi  19  女  IOT      50  90    60)

(('女', 20),          id      name  age sex major  python   c  java
2  20210003 lihua   20  女  IOT      68  78    86)

(('女', 21),          id      name  age sex          major  python   c  java
1  20210002 liyan   21  女  computer network    90  50    80
4  20210005 huyan   21  女  computer network    90  40    60)

(('男', 19),          id  name  age sex          major  python   c  java
3  20210004 lisi   19  男  computer science    60  70    80)

(('男', 20),          id      name  age sex          major   python   c  java
0  20210001  lihu   20  男  software engnieer   60  70    80
5  20210006 wanghua  20  男  computer network    60  70    70)
```

\#获取指定组数据

```
s2. get_group(('女',21))
```

	id	name	age	sex	major	python	c	java
0	20210001	lihu	20	男	software engnieer	60	70	80
5	20210006	wanghua	20	男	computer network	60	70	70

s2. get_group(('男',20))

	id	name	age	sex	major	python	c	java
0	20210001	lihu	20	男	software engnieer	60	70	80
5	20210006	wanghua	20	男	computer network	60	70	70

11.4.3 数据聚合

通过分组操作后,原始数据就会被拆分形成多个组,接下来可使用一些聚合函数对各个小组数据进行数量统计,求总和、最大值和最小值等操作。

1)使用描述性统计函数实现简单聚合

使用 Pandas 中提供的一些内置函数对分组后的数据进行简单聚合,见表 11.7。

表 11.7　描述性统计函数及功能说明

函数名称	功能说明
count	获取分组中非 NaN 值的总个数
sum	获取分组中非 NaN 值的和
mean	获取分组中非 NaN 值的平均值
median	获取分组中非 NaN 值的算术中位数
std,var	获取标准差和方差
min,max	分别获取分组中非 NaN 值的最小值和最大值
prod	获取分组中非 NaN 值的积
first,last	分别获取第一个和最后一个非 NaN 值

【例 11.1】　针对上述案例中的学生数据信息进行按照 sex 分组,然后统计各小组中非 NaN 值的总个数、总和、平均值、算术中位数、最小值、最大值、标准差、方差以及第一个和最后一个非 NaN 值。

例 11.1

2)使用 agg 方法实现聚合

若要使用自定义函数对分组数据进行聚合,且能对 DataFrame 中不同行或列应用不同函数,或者同一行或列应用多个函数时,则可使用 agg() 函数来完成。

该函数的语法格式如下:

agg(func, axis =0, ∗ args, ∗ ∗ kwargs)

参数说明:

①func：表示函数,函数名称字符串,函数列表,或者字典{'行名/列名','函数名'}。

②axis：表示聚合函数操作的轴,默认为 0,表示行轴,也可设置为 1 表示列轴。

③ * args：表示传递给 func 的位置参数。

④ ** kwargs：表示传递给 func 的关键字参数。

该函数可接收一个或若干个用户自定义函数,Python 内置函数或 pandas 内置函数等,且这些函数应用于分组各行或列时,是对行或列中所有数据元素进行运算,最终返回标量值。当 DataFrame 中含不能执行聚合的数据类型时,agg( )函数就只计算可聚合的行或列。

【例 11.2】　针对上述案例中的学生数据信息进行按照 sex 分组,然后应用 agg( )统计各小组中的相关数据信息。

例 11.2

3) 使用 transform 方法实现聚合

若要将自定义函数,Python 或 pandas 内置函数作用于数据分组中每行或列所包含的各个数据值上,则需要使用另一类高级的聚合函数-transform( ),能对 DataFrameGroupby 对象进行变换。Transform( )函数能将指定的函数依次作用于 DataFrame 行或列中的每一个元素,从而实现数据转换,且得到的返回结果与原始数据保持相同的形状,只是在进行聚合函数运算前需要指明要操作的行或列。

Transform( )函数的语法格式如下：

transform(func, axis =0, * args, ** kwargs)

参数说明：

①func：表示用于转换数据的函数,可接收自定义函数,以及 pandas,numpy,Python 提供的所有统计函数。

②axis：表示聚合函数操作的轴,默认为 0,表示行轴,也可设置为 1 表示列轴。

③ * args：表示传递给 func 的位置参数。

④ ** kwargs：表示传递给 func 的关键字参数。

【例 11.3】　针对上述案例中的学生数据信息进行按照 sex 分组,然后应用 transform( )函数实现将各小组中的 age 列的值进行加 5 操作,并求各个小组在 age,Python 列上的平均值。

例 11.3

4) 使用 apply 方法实现聚合

当有些分组数据无法使用 agg( )和 transform( )方法来进行聚合处理时,此时可使用 apply( )方法。该方法可接收用户自定义函数,numpy 自带函数以及通过 lambda 表达式构建的匿名函数作为聚合函数实现对每个分组数据进行运算,最终的输出结果包含两种可能：一个是能广播的标量值;另一个是与原始数据保持相同形状的数组。

该函数的语法格式如下：

apply(func, axis=0, broadcast=False, raw=False, * args, * * kwargs)

参数说明：

①func:表示用于对分组数据进行聚合运算的函数,可接收 NumPy 函数、自定义函数及由 lambda 构建的匿名函数等;这些函数会作用于分组数据的每一行或每一列。

②axis:表示聚合函数操作的轴,默认为 0,表示行轴;也可设置为 1,表示列轴。

③broadcast:表示当函数产生标量值时,该值是否沿着指定轴进行广播,使输出结果与原始数据形状保持一致;默认值为 False,表示不广播。

④raw:布尔类型数据,默认值为 False,表示是否将行或列作为 Series 或 ndarray 对象传递给函数 func。

⑤ * args:表示传递给 func 的位置参数。

⑥ ** kwargs:表示传递给 func 的关键字参数。

与 agg( )和 transform( )方法不同,apply( )方法仅接收一个函数作为聚合函数,且能向用户自定义函数中传递参数,并支持在同一个 dataframe 的不同 series 之间进行运算,当应用的不是聚合函数时,会对每个元素的逐一操作。因此,它比 agg( )方法更具灵活性和普适性,但却有一个缺陷,就是调用 Python 内置函数和 pandas 函数时,运行速度要慢一些。

【例 11.4】 针对上述案例中的学生数据信息进行按照 sex 分组,然后应用 apply( )函数实现相关数据信息的统计。

例 11.4

11.5 Pandas 合并/连接与排序/排名

11.5.1 合并/连接

若要处理的数据来源于不同的数据集,此时需要采用一定的方式将不同来源的数据集合并起来。为此,Pandas 提供了多种方法可实现将 Series、DataFrame 对象组合在一起的功能,如 merge( ),join( ),concat( )方法等。

1)基于 Merge( )方法实现数据合并/连接

Pandas 提供的 Merge( )方法是基于一个或多个键组合将不同 DataFrame 的行连接起来,从而实现不同数据集之间的合并或连接操作,比较类似于关系型数据库的连接操作。

该函数的语法格式如下:

merge(left, right, how = ′inner′, on = None, left_on = None, right_on = None, left_index = False, right_index = False, sort = True)

参数说明:

①left:参与合并操作的左侧 DataFrame。

②right:参与合并操作的右侧 DataFrame。

③how:指明两个 DataFrame 实施合并或连接的方式,取值有内连接(inner),外连接(outer),左外连接(left),以及右外连接(right),默认为内连接。

④on:指明用于连接的列名,必须在左右两个 DataFrame 对象中存在,若未指明且也未指定其他参数,则以两个 DataFrame 的列名交集作为连接键。

⑤left_on:指明左侧 DataFrame 中用作连接键的列名。

⑥right_on:指明右侧 DataFrame 中用作连接键的列名。

⑦left_index:使用左侧 DataFrame 中的行索引作为连接键。

⑧right_index:使用右侧 DataFrame 中的行索引作为连接键。

⑨sort:对合并的数据进行排序,默认为 True。

表 11.8 和表 11.9 为两个不同的数据库表 R,S,使用 Merge( )方法可实现两个数据库表之间的合并操作。

表 11.8　数据库表 R

A	B	C
a1	b1	5
a1	b2	6
a2	b3	8
a2	b4	12

表 11.9　数据库表 S

B	D
b1	3
b2	7
b3	10
b3	2
b5	3

```
#生成两个 DataFrame 对象表示数据库表 R 与 S
import pandas as pd
data1 = [pd. Series(['a1','b1',5], index = ['A','B','C']),
pd. Series(['a1','b2',6], index = ['A','B','C']),
pd. Series(['a2','b3',8], index = ['A','B','C']),
pd. Series(['a2','b4',12], index = ['A','B','C'])]
R = pd. DataFrame(data1)
R
```

	A	B	C
0	a1	b1	5
1	a1	b2	6
2	a2	b3	8
3	a2	b4	12

data2 = [pd. Series(['b1',3], index = ['B','D']),
pd. Series(['b2',7], index = ['B','D']),
pd. Series(['b3',10], index = ['B','D']),
pd. Series(['b3',2], index = ['B','D']),
pd. Series(['b5',3], index = ['B','D'])]
S = pd. DataFrame(data2)
S

	B	D
0	b1	3
1	b2	7
2	b3	10
3	b3	2
4	b5	3

\#指定列'B'作为键,实现数据库表的合并连接操作,默认为内连接
p1 = pd. merge(left = R, right = S, on = 'B')
p1

	A	B	C	D
0	a1	b1	5	3
1	a1	b2	6	7
2	a2	b3	8	10
3	a2	b3	8	2

\#指定列'B'作为键,连接方式为 out,实现数据库表的合并连接操作
p2 = pd. merge(left = R, right = S, on = 'B', how = 'outer')
p2

	A	B	C	D
0	a1	b1	5.0	3.0
1	a1	b2	6.0	7.0
2	a2	b3	8.0	10.0
3	a2	b3	8.0	2.0
4	a2	b4	12.0	NaN
5	NaN	b5	NaN	3.0

\#指定列'B'作为键,连接方式为 left,实现数据库表的合并连接操作

p3 = pd. merge(left = R, right = S, on = 'B', how = 'left')

p3

	A	B	C	D
0	a1	b1	5	3.0
1	a1	b2	6	7.0
2	a2	b3	8	10.0
3	a2	b3	8	2.0
4	a2	b4	12	NaN

#指定列'B'作为键,连接方式为 right,实现数据库表的合并连接操作

p4 = pd. merge(left = R, right = S, on = 'B', how = 'right')

p4

	A	B	C	D
0	a1	b1	5.0	3
1	a1	b2	6.0	7
2	a2	b3	8.0	10
3	a2	b3	8.0	2
4	NaN	b5	NaN	3

2)基于 join( )方法实现数据合并/连接

Join( )是 DataFrame 内置的方法,能通过索引或指定的列连接两个 DataFrame,从而实现数据的快速合并。它与 merge( )方法类似,唯一不同的就是在未给参数 how 指定具体值时,默认为左外连接操作。

该方法语法格式如下:

DataFrame. join(other, on = None, how = 'left', lsuffix = '', rsuffix = '', sort = False)

参数说明:

①other:【DataFrame,或者带有名字的 Series,或者 DataFrame 的 list】如果传递的是 Series,那么,其 name 属性应当是一个集合,并且该集合将会作为结果 DataFrame 的列名。

②on:指明用于连接的列名,默认使用索引连接。

③ how:指明两个 Series 或 DataFrame 实施合并或连接的方式,取值范围为｛'left', 'right', 'outer', 'inner'｝,默认为左外连接('left')。

④lsuffix:左侧 DataFrame 中重复列的后缀。

⑤rsuffix:右侧 DataFrame 中重复列的后缀。

⑥sort:指明是否按照字典顺序对结果在连接键上排序,默认为 False。

#通过索引连接 DataFrame,并为重复列指明不同的后缀

R. join(S, lsuffix = '_left', rsuffix = '_right')

	A	B_left	C	B_right	D
0	a1	b1	5	b1	3
1	a1	b2	6	b2	7
2	a2	b3	8	b3	10
3	a2	b4	12	b3	2

\#通过指定列连接 DataFrame,默认为左外连接

R. join(S. set_index('B'), on='B')

	A	B	C	D
0	a1	b1	5	3.0
1	a1	b2	6	7.0
2	a2	b3	8	10.0
2	a2	b3	8	2.0
3	a2	b4	12	NaN

\#左外连接,同索引连接效果一致

R. join(S, how='left', lsuffix='_left', rsuffix='_right')

	A	B_left	C	B_right	D
0	a1	b1	5	b1	3
1	a1	b2	6	b2	7
2	a2	b3	8	b3	10
3	a2	b4	12	b3	2

\#右外连接

R. join(S, how='right', lsuffix='_left', rsuffix='_right')

	A	B_left	C	B_right	D
0	a1	b1	5.0	b1	3
1	a1	b2	6.0	b2	7
2	a2	b3	8.0	b3	10
3	a2	b4	12.0	b3	2
4	NaN	NaN	NaN	b5	3

\#外连接

R. join(S, how='outer', lsuffix='_left', rsuffix='_right')

	A	B_left	C	B_right	D
0	a1	b1	5.0	b1	3
1	a1	b2	6.0	b2	7
2	a2	b3	8.0	b3	10
3	a2	b4	12.0	b3	2
4	NaN	NaN	NaN	b5	3

\#内连接

S.　join(S, how='inner', lsuffix='_left', rsuffix='_right')

	A	B_left	C	B_right	D
0	a1	b1	5	b1	3
1	a1	b2	6	b2	7
2	a2	b3	8	b3	10
3	a2	b4	12	b3	2

3）基于 concat( )方法实现数据合并/连接

Pandas 提供的 concat( )方法可按照某一个轴连接 Series 或 DataFrame 对象,但与 merge( ),join( )方法不同,仅支持 inner,outer 两种连接方式,而且运算结果中的重复内容不会被去除,需要使用 drop_duplicates( )方法来完成去重操作。

该方法语法格式如下:

concat(objs, axis=0, join='outer', join_axes=None, ignore_index=False,
　　　　keys=None, levels=None, names=None, verify_integrity=False, copy=True)

参数说明:

①objs:参与合并或连接操作的数据对象,可以是 Series 和 DataFrame。

②axis:沿着连接的轴,默认为 0。

③join:指明两个 Series 或 DataFrame 实施合并或连接的方式,取值范围为{'inner','outer'},默认为“outer”,为取并集的关系;'inner'为取交集。

④join_axes: Index 对象列表,用于其他 n-1 轴的特定索引,而非执行内/外部设置逻辑。

⑤ignore_index:布尔类型数值,默认值为 False。如果为 True,则不使用并置轴上的索引值,结果轴将被标记为 0,…,n-1。

⑥keys:序列,默认值无。使用传递的键作为最外层构建层次索引。如果为多索引,应使用元组。

⑦levels:序列列表,默认值无。用于构建 MultiIndex 的特定级别(唯一值);否则,它们将从键推断。

⑧names:序列列表,默认值无。表示结果层次索引中的级别的名称。

⑨verify_integrity:布尔类型数值,默认为 False;用于检查新连接的轴是否包含重复项。

⑩copy:布尔类型数值,默认值为 False;如果为 False,请勿不必要地复制数据。

下面构建 3 个不同的 DataFrme 对象,现使用 concat( )方法实现它们之间的合并与连接操作。

```
import pandas as pd
d1 = pd.DataFrame({'A':['a0', 'a1', 'a2', 'a3'],
                   'B':['b0', 'b1', 'b2', 'b3'],
                   'C':['c0', 'c1', 'c2', 'c3'],
                   'D':['d0', 'd1', 'd2', 'd3']},
                   index=[0,1,2,3])
d2 = pd.DataFrame({'A':['a4', 'a5', 'a6'],
                   'B':['b4', 'b5', 'b6'],
```

$$'C':['c4', 'c5', 'c6'],$$
$$'D':['d4', 'd5', 'd6']\},$$
$$index=[4,5,6])$$

d3 = pd.DataFrame({'A':['a8', 'a9'],
$$'B':['b8', 'b9'],$$
$$'C':['c8', 'c9'],$$
$$'D':['d8', 'd9']\},$$
$$index=[8,9])$$

d1

	A	B	C	D
0	a0	b0	c0	d0
1	a1	b1	c1	d1
2	a2	b2	c2	d2
3	a3	b3	c3	d3

d2

	A	B	C	D
4	a4	b4	c4	d4
5	a5	b5	c5	d5
6	a6	b6	c6	d6

d3

	A	B	C	D
8	a8	b8	c8	d8
9	a9	b9	c9	d9

#基于0轴合并3个DataFrame对象
pd.concat([d1,d2,d3])

	A	B	C	D
0	a0	b0	c0	d0
1	a1	b1	c1	d1
2	a2	b2	c2	d2
3	a3	b3	c3	d3
4	a4	b4	c4	d4
5	a5	b5	c5	d5
6	a6	b6	c6	d6
8	a8	b8	c8	d8
9	a9	b9	c9	d9

#添加外层次索引

pd. concat（［d1,d2,d3］, keys＝［'0', '1', '2'］）

		A	B	C	D
0	0	a0	b0	c0	d0
	1	a1	b1	c1	d1
	2	a2	b2	c2	d2
	3	a3	b3	c3	d3
1	4	a4	b4	c4	d4
	5	a5	b5	c5	d5
	6	a6	b6	c6	d6
2	8	a8	b8	c8	d8
	9	a9	b9	c9	d9

#基于轴 1 连接两个 DataFrame 对象,并设置连接方式为 outer,求并集

d4＝ pd. DataFrame（{'A':［'a2', 'a3'］,
'B':［'b2', 'b3'］,
'C':［'c2', 'c3'］,
'D':［'d2', 'd3'］},
index＝［2,3］）

pd. concat（［d1,d4］, axis＝1）

	A	B	C	D	A	B	C	D
0	a0	b0	c0	d0	NaN	NaN	NaN	NaN
1	a1	b1	c1	d1	NaN	NaN	NaN	NaN
2	a2	b2	c2	d2	a2	b2	c2	d2
3	a3	b3	c3	d3	a3	b3	c3	d3

#基于轴 1 连接两个 DataFrame 对象,并设置连接方式为 inner,求交集

pd. concat（［d1,d4］, axis＝1, join＝'inner'）

	A	B	C	D	A	B	C	D
2	a2	b2	c2	d2	a2	b2	c2	d2
3	a3	b3	c3	d3	a3	b3	c3	d3

#基于轴 0 连接两个 DataFrame 对象,并设置连接方式为 inner,求交集

pd. concat（［d1,d4］, axis＝0, join＝'inner'）

	A	B	C	D
0	a0	b0	c0	d0
1	a1	b1	c1	d1
2	a2	b2	c2	d2
3	a3	b3	c3	d3
2	a2	b2	c2	d2
3	a3	b3	c3	d3

#去除重复数据

Python程序设计

pd. concat([d1,d4], axis=0, join='inner'). drop_duplicates()

	A	B	C	D
0	a0	b0	c0	d0
1	a1	b1	c1	d1
2	a2	b2	c2	d2
3	a3	b3	c3	d3

11.5.2 排序和排名

Pandas 中提供了一系列方法用于对 Series，DataFrame 数据结构进行排序和排名。其中,使用 sort_index()和 sort_values()函数进行排序,而使用 rank()函数来排名。

1)对 Series 数据结构进行排序

• 使用 sort_index()函数按照索引标签对 Series 进行排序,默认为升序排列。

import pandas as pd

s1 = pd. Series(data=[10,11,12,13,14,15], index=[3,4,2,5,1,6])

s1. sort_index()

```
1    14
2    12
3    10
4    11
5    13
6    15
dtype：int64
```

• 若要进行降序排列,则只需要添加参数 ascending,设置值为 False。

s1. sort_index(ascending=False)

```
6    15
5    13
4    11
3    10
2    12
1    14
dtype：int64
```

• 还可使用 sort_values()按照值对 Series 进行排序,默认为升序排列。

s1. sort_values(ascending=False)

```
6    15
1    14
```

```
     5     13
     2     12
     4     11
     3     10
     dtype：int64
```

2）对 DataFrame 数据结构进行排序

● 使用 sort_index( )函数按照索引标签对 DataFrame 进行排序,默认为按照行索引进行升序排列,若要按照列索引进行排序,则需要设置 axis 参数为 1。

```
import pandas as pd
l=［pd. Series(［'20210001','lihu',20,
'男','software engnieer',60,70,80］, index=［'id','name','age','sex','major','Python',
'c','java'］),
    pd. Series(［'20210002','liyan',21,
'女','computer network',90,50,80］, index=［'id','name','age','sex','major','Python',
'c','java'］),
    pd. Series(［'20210003','lihua',20,
'女', 'IOT',68,78,86］, index=［'id','name','age','sex','major','Python','c','java'］),
    pd. Series(［'20210004','lisi',19,
'男','computer science ',60,70,80］, index=［'id','name','age','sex','major','Python',
'c','java'］)］
s2=pd. DataFrame(l)
#按照行索引进行升序排列
s2. sort_index( )
```

	id	name	age	sex	major	python	c	java
0	20210001	lihu	20	男	software engnieer	60	70	80
1	20210002	liyan	21	女	computer network	90	50	80
2	20210003	lihua	20	女	IOT	68	78	86
3	20210004	lisi	19	男	computer science	60	70	80

● 按照列索引进行降序排列。

```
s2. sort_index( axis=1, ascending=False)
```

	sex	python	name	major	java	id	c	age
0	男	60	lihu	software engnieer	80	20210001	70	20
1	女	90	liyan	computer network	80	20210002	50	21
2	女	68	lihua	IOT	86	20210003	78	20
3	男	60	lisi	computer science	80	20210004	70	19

● 还可使用 sort_values( )按照值进行排序,此时还需要设置参数 by 指明待排序的行或列索引号,这取决于参数 axis,默认为 0,表示按列值排序,1 表示为按行值排序;可以是单列,也可以是多列,默认为升序排列。

#按照单列进行升序排列

s2. sort_values(by = 'sex')

	id	name	age	sex	major	python	c	java
1	20210002	liyan	21	女	computer network	90	50	80
2	20210003	lihua	20	女	IOT	68	78	86
0	20210001	lihu	20	男	software engnieer	60	70	80
3	20210004	lisi	19	男	computer science	60	70	80

#按照多列进行升序排列

s2. sort_values(by = ['sex','age'])

	id	name	age	sex	major	python	c	java
2	20210003	lihua	20	女	IOT	68	78	86
1	20210002	liyan	21	女	computer network	90	50	80
3	20210004	lisi	19	男	computer science	60	70	80
0	20210001	lihu	20	男	software engnieer	60	70	80

当按照指定条件对数据进行排序后,有时还需给予相应的名次,此时需要使用 rank( )方法来实现排名操作。

该方法语法格式如下:

rank(axis = 0, method = 'average', ascending = True)

参数说明:

①axis:表示是按行还是按列进行排名,默认值为 0,按照行排序。

②method:表示排名的规则,主要包含表 11. 10 的取值,默认为 average。

③ascending:表示是否按升序来排名,默认为 True,即升序排列。

表 11. 10 method 取值及说明

method 取值	含 义
average	使用平均排名,也是默认的排名方式,即在相等分组中,为各个值分配平均排名
first	按值在原始数据中的出现顺序分配排名
max	使用整个分组的最大排名
min	使用整个分组的最小排名

(1)对 Series 数据结构进行排名

#平均排名,method 默认取值为 average

```
import pandas as pd
s1 = pd.Series(data = [10,11,12,10,14,10], index = [3,4,2,5,1,6])
s1.rank()
```

```
3    2.0
4    4.0
2    5.0
5    2.0
1    6.0
6    2.0
dtype: float64
```

Series 中第 1,4,6 个位置上的数据元素排名相同,取的是三者排名中的平均排名 2.0。

```
#method 取值为 first
s1.rank(method = 'first')
```

```
3    1.0
4    4.0
2    5.0
5    2.0
1    6.0
6    3.0
dtype: float64
```

```
#method 取值为 max
s1.rank(method = 'max')
```

```
3    3.0
4    4.0
2    5.0
5    3.0
1    6.0
6    3.0
dtype: float64
```

Series 中第 1,4,6 个位置上的数据元素排名相同,取的是三者排名中得最大排名 3.0。

```
#method 取值为 min
s1.rank(method = 'min')
```

```
3    1.0
4    4.0
2    5.0
5    1.0
1    6.0
6    1.0
dtype: float64
```

Series 中第 1,4,6 个位置上的数据元素排名相同,取的是三者排名中得最小排名 1.0。

(2) 对 DataFrame 数据结构进行排名

```
#按照行对 DataFrame 进行最大排名
s2.rank(method = 'min', axis = 1)
```

	age	python	c	java
0	1.0	2.0	3.0	4.0
1	1.0	4.0	2.0	3.0
2	1.0	2.0	3.0	4.0
3	1.0	2.0	3.0	4.0

```
#按照列对 DataFrame 进行最大排名
s2. rank(method = 'min', axis = 0)
```

	id	name	age	sex	major	python	c	java
0	1.0	1.0	2.0	3.0	4.0	1.0	2.0	1.0
1	2.0	4.0	4.0	1.0	2.0	4.0	1.0	1.0
2	3.0	2.0	2.0	1.0	1.0	3.0	4.0	4.0
3	4.0	3.0	1.0	3.0	3.0	1.0	2.0	1.0

11.6　Pandas 筛选和过滤功能

Pandas 提供了一些方法用于从 Series，DataFrame 中筛选或过滤满足一定条件的数据，为更好地实现数据分析与处理奠定基础。

11.6.1　筛　选

在 11.3.2 小节中，已介绍过如何选取 Series，DataFrame 中的行数据或列数据，然而并未设置筛选条件，以致无法有效从中筛选出符合用户需求的数据。这里介绍简单数据筛选。

简单数据筛选主要是通过关系运算符或逻辑运算符等设置单个或多个条件筛选符合条件的行或列数据。假设有一个 DataFrame 对象存储一个班级所有学生信息。

```
import pandas as pd
l = [pd. Series(['20210001', 'lihu', 20,
'男', 'software engnieer', 60, 70, 80], index = ['id', 'name', 'age', 'sex', 'major', 'Python',
'c', 'java']),
    pd. Series(['20210002', 'liyan', 21,
'女', 'computer network', 90, 50, 80], index = ['id', 'name', 'age', 'sex', 'major', 'Python',
'c', 'java']),
    pd. Series(['20210003', 'lihua', 20,
'女', 'IOT', 68, 78, 86], index = ['id', 'name', 'age', 'sex', 'major', 'Python', 'c', 'java']),
```

pd. Series(['20210004','lisi',19,

'男','computer science ',60,70,80], index=['id','name','age','sex','major','Python',

'c','java']),

pd. Series(['20210005','huyan',21,

'女','computer network',90,40,60], index=['id','name','age','sex','major','Python',

'c','java']),

pd. Series(['20210006','wanghua',20,

'男', 'computer network',60,70,70], index=['id','name','age','sex','major','Python',

'c','java']),

pd. Series(['20210007','zhangsi',19,

'女', 'IOT',50,90,60], index=['id','name','age','sex','major','Python','c','java'])]

stu=pd. DataFrame(1)

1）设置条件筛选列满足一定特征的数据

使用 stu[列名]可筛选 stu 中的某一个列或若干个列的数据,同时也支持在[]中添加通过关系运算符(>,<,==,!=,>=,<=)或逻辑运算符(|,&,not)构建的单个或多个条件筛选特定的数据。例如:

#筛选出年龄大于等于 20 的学生信息行信息

stu[stu. age>=20]

	id	name	age	sex	major	python	c	java
0	20210001	lihu	20	男	software engnieer	60	70	80
1	20210002	liyan	21	女	computer network	90	50	80
2	20210003	lihua	20	女	IOT	68	78	86
4	20210005	huyan	21	女	computer network	90	40	60
5	20210006	wanghua	20	男	computer network	60	70	70

#筛选出年龄小于 20 或者 C 语言课程成绩大于 70 的行信息

stu[(stu. age<20)|(stu. c>70)]

	id	name	age	sex	major	python	c	java
2	20210003	lihua	20	女	IOT	68	78	86
3	20210004	lisi	19	男	computer science	60	70	80
6	20210007	zhangsi	19	女	IOT	50	90	60

#筛选出年龄小于 20 并且 C 语言课程成绩大于 70 的行信息

	id	name	age	sex	major	python	c	java
6	20210007	zhangsi	19	女	IOT	50	90	60

对字符串数据,可使用 str. contains(pattern, na=False)来选取符合某种特征的数据。下面展示了如何筛选专业名称中含'I'的行信息。

stu. loc[stu['major']. str. contains('I', na=False)]

	id	name	age	sex	major	python	c	java
2	20210003	lihua	20	女	IOT	68	78	86
6	20210007	zhangsi	19	女	IOT	50	90	60

2）设置条件筛选满足一定特征的行列数据

使用 stu. loc[[index],[column]]方式可通过关系运算符与逻辑运算符设定单个或多个条件筛选符合需求的行列数据。通过该方式可基于标签选择数据，即选择若干行和列的数据，还可在 loc()中添加对多行、多列数据筛选的条件。例如：

\#筛选出年龄小于 20 或 C 语言课程成绩大于 70 的行信息

stu. loc[(stu. age<20)|(stu. c>70)]

	id	name	age	sex	major	python	c	java
2	20210003	lihua	20	女	IOT	68	78	86
3	20210004	lisi	19	男	computer science	60	70	80
6	20210007	zhangsi	19	女	IOT	50	90	60

\#筛选年龄小于 20 或 C 语言课程成绩大于 70 的学生信息,且只显示'id','age','c'这 3 列

stu. loc[(stu. age<20)|(stu. c>70),['id','age','c']]

	id	age	c
2	20210003	20	78
3	20210004	19	70
6	20210007	19	90

11.6.2 按筛选条件进行汇总

基于某种条件从原始数据中筛选出符合需求的数据集后,还可对这些数据进行汇总统计,如求个数、总和、最大值、最小值及平均值等。具体代码使用如下：

\#筛选统计 Python 成绩小于 70 或 c 课程成绩大于 70 的学生总人数

stu. loc[(stu. Python<70)|(stu. c>70)]['id']. count()

　　5

\#筛选统计 Python 成绩小于 70 或 c 课程成绩大于 70 的学生对应 3 门课程成绩总和

stu. loc[(stu. Python<70)|(stu. c>70)][['Python','c','java']]. sum()

```
python    298
c         378
java      376
dtype: int64
```

\#筛选统计 Python 成绩小于 70 或 c 课程成绩大于 70 的学生对应两门课程成绩的平均值

stu. loc[(stu. Python<70)|(stu. c>70)][['Python','c','java']]. mean()

```
python    59.6
c         75.6
java      75.2
dtype: float64
```

11.6.3　过　滤

1）使用 filter( )函数过滤数据

通常使用 filter( )函数实现数据的过滤操作。它主要根据给定的条件从原始数据中筛选符合条件的数据集,从而完成数据的过滤操作。若对原始数据进行分组,还可用该函数对分组数据进行过滤,保留满足特定条件的分组。

该方法的语法格式如下:

filter(item=None, like=None, regex=None, axis=None)

参数说明:

①item:指定过滤索引值。

②like:类似数据库 SELECT 里的 like 命令,模糊查找。

③regex:设置过滤的条件,以正则表达式形式给定。

④axis:指定过滤方向,默认为 0,按照列方向过滤,1 表示按照行方向过滤。

需要注意的是,这几个参数不可以同时使用。该方法的具体代码使用如下:

\#以上述变量 stu 存储的学生数据信息为例,通过设置过滤条件,筛选符合需求的数据

\#以原始数据为基础按照指定过滤条件进行筛选

\#1.筛选列名为'id','name','sex','major'的学生数据

stu. filter(items=['id','name','sex','major'])

	id	name	sex	major
0	20210001	lihu	男	software engnieer
1	20210002	liyan	女	computer network
2	20210003	lihua	女	IOT
3	20210004	lisi	男	computer science
4	20210005	huyan	女	computer network
5	20210006	wanghua	男	computer network
6	20210007	zhangsi	女	IOT

\#2.筛选出行号为偶数的学生数据

stu. filter(items=[0,2,4,6], axis=0)

	id	name	age	sex	major	python	c	java
0	20210001	lihu	20	男	software engnieer	60	70	80
2	20210003	lihua	20	女	IOT	68	78	86
4	20210005	huyan	21	女	computer network	90	40	60
6	20210007	zhangsi	19	女	IOT	50	90	60

#3. 筛选列名包含 a 的学生数据

stu. filter(like='a', axis=1)

	name	age	major	java
0	lihu	20	software engnieer	80
1	liyan	21	computer network	80
2	lihua	20	IOT	86
3	lisi	19	computer science	80
4	huyan	21	computer network	60
5	wanghua	20	computer network	70
6	zhangsi	19	IOT	60

#4. 筛选出列号以 e 为尾的学生数据

stu. filter(regex='e$', axis=1)

	name	age
0	lihu	20
1	liyan	21
2	lihua	20
3	lisi	19
4	huyan	21
5	wanghua	20
6	zhangsi	19

#5. 按照 sex 分组,然后设定过滤条件,筛选 java 课程成绩最高分大于 80 的学生分组数据

import numpy as np

stu. groupby('sex'). filter(lambda x: np. max(x['java'])>80)

	id	name	age	sex	major	python	c	java
1	20210002	liyan	21	女	computer network	90	50	80
2	20210003	lihua	20	女	IOT	68	78	86
4	20210005	huyan	21	女	computer network	90	40	60
6	20210007	zhangsi	19	女	IOT	50	90	60

#筛选 java 课程成绩最高分小于 60 的学生分组数据

stu. groupby('sex'). filter(lambda x: np. max(x['java'])<60)

id	name	age	sex	major	python	c	java

可知,使用 filter 方法对分组数据进行筛选时,该方法可接收自定义函数或 lambda 表达式,并作用于每个分组数据,随后返回满足条件的分组数据,而不是符合条件的行数据。因此,可知该方法调用后会选出符合条件的分组数据,而与列无任何关系。在使用该方法时,

需要注意不能用 df. group('XXX')['列名']. filter 来指定列的函数。

2）过滤缺失数据

在进行数据分析处理时,经常发现数据中存在一些缺失值,Pandas 主要使用浮点值 NaN 来表示这些缺失数据。对这类数据,通常用的处理方法有 4 种,见表 11.11。

表 11.11　NaN 处理方法

方　法	含　义
dropna	根据各标签的值中是否存在缺失数据对轴标签进行过滤
fillna	使用指定值或插值方法(如 bfill,ffill)填充缺失数据
isnull	返回一个包含布尔值的对象,布尔值为 True,表示缺失值,否则为非缺失值
notnull	返回一个包含布尔值的对象,布尔值为 True,表示非缺失值,否则为缺失值

（1）isnull( ) 与 notnull( )

import pandas as pd

import numpy as np

d = pd. DataFrame (data = np. random. randint (100 , 500 , (4 , 4)) , index = [0 , 3 , 4 , 6] , columns = ['a' , 'c' , 'd' , 'f'])

data = d. reindex([0 , 1 , 2 , 3 , 4 , 5 , 6] , columns = ['a' , 'b' , 'c' , 'd' , 'e' , 'f'])　#创建含有缺失值的数据

data

	a	b	c	d	e	f
0	322.0	NaN	226.0	206.0	NaN	401.0
1	NaN	NaN	NaN	NaN	NaN	NaN
2	NaN	NaN	NaN	NaN	NaN	NaN
3	164.0	NaN	279.0	162.0	NaN	422.0
4	318.0	NaN	359.0	301.0	NaN	215.0
5	NaN	NaN	NaN	NaN	NaN	NaN
6	123.0	NaN	440.0	272.0	NaN	264.0

data. isnull( )　#判断数据值是否为缺失值

	a	b	c	d	e	f
0	False	True	False	False	True	False
1	True	True	True	True	True	True
2	True	True	True	True	True	True
3	False	True	False	False	True	False
4	False	True	False	False	True	False
5	True	True	True	True	True	True
6	False	True	False	False	True	False

（2）fillna（）

该函数的语法格式如下：

fillna（value = None，method = None，axis = 0，limit）

参数说明：

①value：表示填充缺失值的替换值，可以是标量，也可以是字典。

②method：表示填充缺失值的方法，可选 bfill，ffill，分别表示后向填充与前向填充，默认值为 ffill。

③axis：表示待填充的轴，默认为轴 0。

④limit：表示填充缺失值时连续填充的最大量。

#将缺失值填充为指定的值，如 0

data. fillna（0）

	a	b	c	d	e	f
0	322.0	0.0	226.0	206.0	0.0	401.0
1	0.0	0.0	0.0	0.0	0.0	0.0
2	0.0	0.0	0.0	0.0	0.0	0.0
3	164.0	0.0	279.0	162.0	0.0	422.0
4	318.0	0.0	359.0	301.0	0.0	215.0
5	0.0	0.0	0.0	0.0	0.0	0.0
6	123.0	0.0	440.0	272.0	0.0	264.0

#为 DataFrame 中不同列的缺失值填充不同的值

dd1 = data. fillna（value = {'a':0,'c':1}）

	a	b	c	d	e	f
0	322.0	NaN	226.0	206.0	NaN	401.0
1	0.0	NaN	1.0	NaN	NaN	NaN
2	0.0	NaN	1.0	NaN	NaN	NaN
3	164.0	NaN	279.0	162.0	NaN	422.0
4	318.0	NaN	359.0	301.0	NaN	215.0
5	0.0	NaN	1.0	NaN	NaN	NaN
6	123.0	NaN	440.0	272.0	NaN	264.0

（3）dropna（）

该函数的语法格式如下：

dropna（axis = 0，how = 'any'，thresh = None）

若是作用于 Series，则返回一个仅含非空数据和索引值的 Series；若是作用于 DataFrame，还可设置其他参数来控制缺失值的过滤。例如，how 参数取值为 all 时，表示仅在切片元素全为 NaN 时才丢弃该行（列），而为 any 时，则表示只要含有 NaN，就会被丢弃；thresh 为整数类型，若取值为 3，则表示一行或一列当中至少有 3 个 NaN 值时才将其保留。

```
#过滤掉 Series 中的缺失值数据
import pandas as pd
s = pd. Series(data = ['China','German','America'], index = [2,4,6])
dd = s. reindex([1,2,3,4,5,6,7])
dd
```

```
1      NaN
2    China
3      NaN
4   German
5      NaN
6  America
7      NaN
dtype: object
```

```
#过滤掉 DataFrame 对象-dd1 中所有值为缺失值的列数据
dd2 = dd1. dropna(how = 'all', axis = 1)
dd2
```

	a	c	d	f
0	322.0	226.0	206.0	401.0
1	0.0	1.0	NaN	NaN
2	0.0	1.0	NaN	NaN
3	164.0	279.0	162.0	422.0
4	318.0	359.0	301.0	215.0
5	0.0	1.0	NaN	NaN
6	123.0	440.0	272.0	264.0

```
#过滤掉 dd1 中缺失值个数低于 3 的行数据
dd1. dropna(thresh = 3)
```

	a	b	c	d	e	f
0	322.0	NaN	226.0	206.0	NaN	401.0
3	164.0	NaN	279.0	162.0	NaN	422.0
4	318.0	NaN	359.0	301.0	NaN	215.0
6	123.0	NaN	440.0	272.0	NaN	264.0

3）过滤重复性数据

Pandas 提供了一些用于检测,过滤数据集中存在的重复性数据,主要有 duplicated(),drop_duplicates()。其中,duplicated()用于检测数据集中哪些行是重复的,返回一个标识行是否重复的布尔型数组;drop_duplicates()用于去除数据集中的重复性行,包含 3 个参数:subset, keep, inplace。subset 用于指定要删除的特定列,默认所有列;keep 可取 first, last,默认为 first,表示删除重复项,并保留第一次出现的项;inplace 则表示是在原有数据基础上修改还是保留一个副本。

已知有一个包含了重复数据的数据集,检测哪些行数据是重复的,如何删除重复数据。

```
import pandas as pd
d1 = pd.DataFrame({'A':['a0', 'a1', 'a0','a1','a0','a2'],
                   'B':['b0', 'b1', 'b0','b1','b0','b2'],
                   'C':['a0', 'c1', 'a0','c1','b0','c2'],
                   'D':['d0', 'd1', 'd0','d1','b0','d2']
                  },
                  index=[0,1,2,3,4,5])
d1
```

	A	B	C	D
0	a0	b0	a0	d0
1	a1	b1	c1	d1
2	a0	b0	a0	d0
3	a1	b1	c1	d1
4	a0	b0	b0	b0
5	a2	b2	c2	d2

```
#检测哪些行是重复性数据
d1.duplicated()
```

```
0    False
1    False
2     True
3     True
4    False
5    False
dtype: bool
```

```
#过滤掉重复数据
d1.drop_duplicates()
```

	A	B	C	D
0	a0	b0	a0	d0
1	a1	b1	c1	d1
4	a0	b0	b0	b0
5	a2	b2	c2	d2

```
#删除 A 列中的重复数据,且保留最后一个重复的数据
d1.drop_duplicates('A', keep='last')
```

	A	B	C	D
3	a1	b1	c1	d1
4	a0	b0	b0	b0
5	a2	b2	c2	d2

11.7　Pandas 数据读取与写入

Pandas 提供了丰富的输入输出工具,用于读写文本格式数据、二进制格式数据、加载数据库数据以及利用 Web API 操作网络资源。本节将重点讲述文本格式与二进制格式数据的读取或写入操作。

11.7.1　读写文本格式数据

Pandas 中提供了 read_table( ), read_csv( ),read_json( )函数来读取像 txt, csv, json 等文本格式文件中的数据,并能将读取到的数据转化为 DataFrame 对象。

1)读写 CSV 与 txt 格式数据

CSV 格式文件是纯文本格式文件,主要用来存储表格型数据(包含一些数字和文本),除可使用记事本文件打开外,还可用 excel 文件打开。该文本文件由若干记录构成,每个记录之间由指定换行符分隔,每一条记录也由若干个字段构成,字段之间采用逗号或制表符进行分隔,且对最大行的数量并未作限制。

通过 read_table( )函数和 read_csv( )函数均可从文件、URL、文件型对象中加载带分隔符的数据,不同的是 read_table( )函数采用制表符(\t)为默认分隔符,而后者则采用逗号。这两个函数所包含的参数及含义见表 11.12。

表 11.12　read_table( )函数和 read_csv( )函数常用参数

参　数	含　义
path	表示文件系统位置,URL,文件型对象的字符串
sep 或 delimiter	表示对行中各个字段进行拆分的字符序列或正则表达式
header	表示列名所在的行号,默认取 0,表示列名为第一行;如果没有列名,则需设置为 None
index_col	表示指定若干列为行索引,以列表形式显示
names	接收一个列表用于为结果添加列名
skiprows	表示要忽略的行数(从文件开始处算起)或是要跳过的行号列表(从 0 开始)
na_values	一组用于替换 NaN 的值
comment	用于将注释信息从行尾拆分出的一个或多个字符
⋮	⋮

【例 11.5】　使用 read_table 与 read_csv( )函数读取 CSV 文件中存放的数据信息,并将其转化为 DataFrame 对象。

例 11.5 　　　　　　 例 11.6 　　　　　　 例 11.7

【例 11.6】 读取 txt 文件中存放的数据信息,并将其转化为 DataFrame 对象。

【例 11.7】 将 DataFrame 对象存储的数据写入一个 CSV 文件中。

2)读写 Json 文件

Json 是 JavaScript Object Notation 的简写,本质上是一种基于文本的、轻量级的、易于读写的数据交换格式,通常用户可使用记事本、浏览器和文本编辑器等打开。Pandas 提供了 read_json( )函数来实现 json 文件读取操作,并可转化为 DataFrame 对象。该函数包含参数及含义说明见表 11.13。

表 11.13　read_json( )函数常用参数说明

参　数	含　义
path_or_buf	表示待读取的 json 文件路径,默认为 None
orient	表示预期的 json 字符串格式,取值包含以下几个:split, records,index, columns,values 等
typ	要恢复的对象类型(系列或框架),可取 series 和 frame,默认'框架'
dtype	boolean 或 dict,默认为 True。如果为 True,则推断 dtypes,如果列为 dtype 的 dict,则使用那些,如果为 False,则根本不推断 dtypes,仅适用于数据
lines	布尔值,默认为 False,每行读取该文件作为 json 对象
encoding	表示编码格式,默认为 utf-8

【例 11.8】 读取一个 JSON 文件中存放的员工数据,然后将其转换为 DataFrame 对象。

例 11.8 　　　　　　 例 11.9 　　　　　　 例 11.10

【例 11.9】 读取 JSON 格式数据,然后将其转换为 DataFrame 对象。

【例 11.10】 将 DataFrame 对象存储的数据写入一个 JSON 文件中。

11.7.2　读写 Excel 格式数据

1)读 Excel 文件

Pandas 提供了 read_excel( )函数来读取 Excel 文件(支持含'xls'和'xlsx'扩展名的文件)中的数据。该函数包含的参数及含义见表 11.14。

表 11.14　read_excel( )函数常用参数

参　　数	含　　义
path	表示文件路径,以字符串形式给定
sheet_name	表示 Excel 文件内待读取的单张或多张工作表,一般以整数、字符串或列表形式给定;默认为 0,表示第一张工作表
header	表示列名所在的行号,默认取 0,表示列名为第一行;如果没有列名,则需设置为 None
index_col	指定若干列为索引列,默认值为 None
names	指定列的名称
usecols	指定要读取的列,可以是整数,列表或 None,若是 None 表示读取所有列,若是整数,表示读取的最后 1 列(从 0 开始);若是列表,表示读取指定的若干列
skiprows	表示要忽略的行数(从文件开始处算起)或是要跳过的行号列表(从 0 开始)
dtype	指定读取数据所要转换的数据类型

【例 11.11】　读取一个 Excel 文件中两个工作表内各自存放的图书和员工信息,并将其转换为 DataFrame 对象。

例 11.11

	员工编号	员工姓名	员工性别	员工职称	员工工资
0	1990001	李红	女	初级	7000
1	1990002	王明	男	中级	11000
2	1990003	刘亮	男	中级	10500
3	1990004	张言	女	高级	13000
4	1990005	陈刚	男	高级	12000
5	1990006	杨杨	女	中级	10000
6	1990007	孙阳	女	初级	8500

2)向 Excel 文件中写入数据

Pandas 提供了 to_excel( )函数来向 Excel 文件中写入 DataFrame 对象包含的数据。该函数包含的参数及含义见表 11.15。

表 11.15　to_excel( )函数常用参数

参　　数	含　　义
path	表示存储数据的文件路径
sheet_name	表示数据写入的工作表名称,默认为 sheet1
na_rep	表示缺失值
header	表示是否将列名写入,默认为 True
index	表示是否将行名写入,默认为 True
index_labels	表示索引名,以序列形式给定,默认为 None

续表

参　　数	含　　义
mode	表示数据的写入模式,默认为 w
encoding	表示存储文件的编码格式,默认为 None

【例 11.12】 将 DataFrame 对象存储的数据写入一个 Excel 文件中。

例 11.12

11.8 学生选课数据分析及可视化

【例 11.13】 现有一个存储了学生选课数据的 Excel 文件-stu_info. xlsx,内部包含 3 个工作表 student, course,grade 分别存储了学生基本信息、课程基本信息以及学生选修课程获取成绩的信息。请利用所学知识按照以下要求对学生选课数据进行分析处理以及可视化:

①读取文件 stu_info. xlsx 中 3 个工作表存储的学生、课程与成绩信息,并查看前 6 条数据,检测是否含重复数据,若有则去除重复数据。

例 11.13①　　例 11.13②　　例 11.13③　　例 11.13④　　例 11.13⑤

②通过合并 3 个表中数据,查看学生选修某门课程成绩信息。这里只显示学号、姓名、课程编号、课程名称及成绩等信息。

③从学生选课数据中筛选出性别为'女',成绩大于 70 分的数据信息以及总人数。

④按照学号与成绩对学生选课数据进行降序排列。

⑤查看步骤②中学生选课数据的描述性统计信息,按照性别和院系名称进行分组,并求各组人数以及平均成绩。

⑥在步骤⑤的基础上筛选出平均值大于 70 的分组信息。

例 11.13⑥　　例 11.13⑦　　例 11.13⑧　　例 11.13⑨　　例 11.13⑩

⑦统计每一个学生所选修课程成绩的最大值、最小值、平均值及总和。

⑧将学生选课数据按照'学号'分组,并将分组数据中的成绩这一列统一加上 10。

⑨绘制垂直条形图,显示每一个学生选修课程的门数。

⑩绘制直方图展示学生选修课程获得成绩的分布情况。

本章小结

通过本章的学习,可了解 Pandas 扩展库的安装与使用意义;理解并掌握 Pandas 包含的一维数据结构 Series 与二维数据结构 DataFrame,学会创建两种数据结构存储所需数据;理解 Pandas 索引对象,掌握 Series, DataFrame 重新索引的方法以及增删查改等基本操作;掌握对数据进行描述性汇总统计、分组、聚合等统计分析的方法;能将不同来源的数据集进行合并连接,并对数据按照指定的规则进行排序或排名;掌握对数据按照设置条件进行筛选或过滤的方法;能熟练地对文本格式和 excel 文件数据进行读写操作。通过综合案例——学生选课数据分析,能熟悉数据分析的大致流程,并为后续对大数据集进行高效分析、处理与可视化奠定坚实的基础。

练习题 11

练习题 11

参考文献

[1] 夏敏捷,程传鹏,韩新超.Python 程序设计:从基础开发到数据分析[M].北京:清华大学出版社,2019.

[2] 董付国.Python 程序设计基础[M].2 版.北京:清华大学出版社,2018.

[3] 小甲鱼.零基础入门学习 Python[M].北京:清华大学出版社,2016.

[4] 曹洁,张志锋,孙玉胜.Python 语言程序设计(微课版)[M].北京:清华大学出版社,2019.

[5] 孔令信,刘振东,马亚军.Python 程序设计[M].重庆:重庆大学出版社,2021.

[6] 布拉德利·米勒戴维·拉努姆.Python 数据结构与算法分析[M].吕能,刁寿钧,译.北京:人民邮电出版社,2019.

[7] 明日科技.Java 从入门到精通[M].6 版.北京:清华大学出版社,2021.

[8] 郭鑫,陈秀玲.数据库原理及应用[M].重庆:重庆大学出版社,2018.

[9] 西泽梦路.MySQL 基础教程[M].卢克贵,译.北京:人民邮电出版社,2020.

[10] 张雯杰,蔡佳玲.MongoDB 从入门到商业实战[M].北京:电子工业出版社,2019.

[11] 罗攀,蒋仟.从零开始学 Python 网络爬虫[M].北京:机械工业出版社,2017.

[12] 孟兵,李杰臣.零基础学 Python 爬虫、数据分析与可视化从入门到精通[M].北京:机械工业出版社,2020.

[13] 刘大成.Python 数据可视化之 matplotlib 实践[M].北京:电子工业出版社,2018.

[14] 李庆辉.深入浅出 Pandas:利用 Python 进行数据处理与分析[M].北京:机械工业出版社,2021.

[15] 江雪松,邹静.Python 数据分析[M].北京:清华大学出版社,2020.

[16] 罗伯特·约翰逊.Python 科学计算和数据科学应用:使用 NumPy、SciPy 和 matplotlib[M].黄强,译.2 版.北京:清华大学出版社,2020.

[17] 鲁江坤,汪林林,陈红阳.Python 数据挖掘实践[M].西安:西安电子科技大学出版社,2020.